U0324357

基于时空演变规律的井工煤矿综采(放)工作面回撤期间煤自燃防控技术

徐宜贵　秦喜文　杨铁钢　著

中国矿业大学出版社

·徐州·

内容提要

本书基于采空区覆岩立体空间与回撤期间的复杂时空演变关系，提出了时空演变规律理念的综合防灭火技术体系，更多地强调在不同动态时期采取针对性的综合防灭火技术措施。采用理论计算方法建立了数学模型，给出了不同动态时期的调压条件，从而达到抑制或消除采空区煤炭自燃的目的。

图书在版编目(CIP)数据

基于时空演变规律的井工煤矿综采(放)工作面回撤期间煤自燃防控技术 / 徐宜贵，秦喜文，杨铁钢著. —徐州：中国矿业大学出版社，2021.9

ISBN 978-7-5646-5127-5

Ⅰ. ①基… Ⅱ. ①徐… ②秦… ③杨… Ⅲ. ①煤炭自燃—防治 Ⅳ. ①TD75

中国版本图书馆 CIP 数据核字(2021)第 188163 号

书　　名 基于时空演变规律的井工煤矿综采(放)工作面回撤期间煤自燃防控技术
著　　者 徐宜贵　秦喜文　杨铁钢
责任编辑 杨　洋
出版发行 中国矿业大学出版社有限责任公司
（江苏省徐州市解放南路　邮编 221008）
营销热线 (0516)83884103　83885105
出版服务 (0516)83995789　83884920
网　　址 http://www.cumtp.com　**E-mail**:cumtpvip@cumtp.com
印　　刷 江苏凤凰数码印务有限公司
开　　本 787 mm×1092 mm　1/16　**印张** 5.25　**字数** 100 千字
版次印次 2021 年 9 月第 1 版　2021 年 9 月第 1 次印刷
定　　价 30.00 元
（图书出现印装质量问题，本社负责调换）

前　言

随着煤炭行业的发展，多年开采的煤矿逐渐步入“中老年”，井下环境也变得愈加复杂，使得井下开采时煤自燃危险性不断提高，特别是复杂条件下综采(放)工作面安全回撤更是给煤炭自燃防治工作带来了极大的挑战，因此矿井火灾严重威胁煤矿的安全生产。

本书基于采空区覆岩立体空间与回撤期间的复杂时空演变关系，提出了时空演变规律理念的综合防灭火技术体系，更多地强调在不同动态时期采取针对性的综合防灭火技术措施。采用理论计算方法建立了数学模型，给出了不同动态时期的调压条件，从而达到抑制或消除采空区煤炭自燃的目的。

工作面回撤期间的基于时空演变规律的防灭火技术体系主要包括基于时间维度的动态均压控风技术、基于立体空间的煤自燃危险区域定位技术和基于普瑞特Ⅱ型防灭火材料＋超高水材料组合的隔离技术。这些技术在深埋大倾角复合煤层综采工作面、极易自燃厚煤层综放工作面以及火成岩断层带易燃煤层综采工作面等复杂工作面中的实际应用，实现了对多个工作面的安全回采和回撤，使防灭火技术体系更完善，为类似矿井开展防灭火工作提供参考。

作　者

2021 年 1 月

目　录

第 1 章　绪　　论

1.1　问题的提出及研究意义

据相关统计，“十二五”期间我国煤矿共计发生火灾 15 起、死亡 104 人，相比于“十一五”期间共计发生火灾 44 起、死亡 408 人，事故发生数量下降 66%，死亡总人数下降 75%，煤矿火灾防治技术的进步使煤矿火灾防治总体水平得到提高，煤矿火灾防治形势总体好转[1]。但是截至目前，煤矿防灭火依旧任重道远，仅在 2020 年一年时间内就发生了两起因矿井火灾引发的重大事故，这两次重大事故共造成 39 人死亡，43 人受伤，直接经济损失 5 133 万元。

我国煤层自然发火十分严重，是矿井发生火灾的主要原因。我国自燃或者易自燃煤层占比超过九成。全国已采综放面自燃火灾发生率为 82.7%，其中采空区火灾占 36.3%，巷道火灾占 63.7%。具有煤层自然发火倾向的矿井占 54%。最短自然发火期小于 3 个月的矿井占 50%以上，大、中型煤矿中自然发火危险程度严重或较严重的煤矿占总数的 73%。据统计，全国重点煤矿中每年由煤炭自燃形成的火灾约 360 次，煤炭氧化自燃形成的火灾隐患约 4 000 次。中国煤矿至今仍残存火区约 800 个，封闭和冻结的煤炭量 2 亿多吨。全国 130 多个大、中型矿区均承受不同程度的自然发火威胁，总体呈现北多南少及易自燃和自燃煤层矿区分布广的趋势[2-4]。

矿井一旦有自然发火的情况发生，必须立即封闭工作面，采取防灭火措施。这将导致矿井的实际开采进度无法按照开采规划进行，严重威胁矿井的安全生产。煤炭自燃会产生大量有毒气体，这些气体会逸散至工作面，威胁矿工的生命安全。据统计，国内矿井火灾事故中 95%以上的遇难人员因为烟雾中毒而窒息[5]。矿井火灾一般伴有煤尘爆炸等灾害。2012—2015 年期间共发生瓦斯爆炸重大及以上事故 19 起，其中 9 起由火区(煤炭自燃)引发。2013 年发生的吉林八宝煤矿瓦斯爆炸事故，采空区自燃引发瓦斯爆炸，火区治理及密闭施工期间发生 2 次爆炸，共死亡 53 人。2014 年发生的新疆大黄山煤矿瓦斯爆炸事故，封闭自燃火区引发瓦斯爆炸，死亡 17 人。2001—2015 年期间煤自燃火灾事故不完全统计见表 1-1[6-8]。

表 1-1　2001—2015 年期间煤自燃火灾事故不完全统计

时间	事故地点	事故原因	死亡人数/人
2014 年 3 月 12 日	皖北煤电任楼煤矿Ⅱ8222 机巷	采空区漏风引起煤层自燃，发生瓦斯爆炸	3
2013 年 3 月 29 日	吉林省通化市八宝煤矿	煤自燃封闭火区引发瓦斯爆炸	36
2012 年 9 月 22 日	双鸭山市友谊县龙山镇煤矿	火灾事故造成顶板冒落	12
2008 年 8 月 18 日	西双版纳勐腊县尚岗煤矿	自然发火区发生巷道垮塌事故	7
2008 年 5 月 17 日	湖南省邵阳市短陂桥煤矿	煤层自然发火引发瓦斯爆炸	8
2008 年 3 月 5 日	吉林省辽源市东辽县金安煤矿	煤层自然发火后导致局部冒顶	17
2007 年 6 月 24 日	辽宁阜新市隆兴煤矿	火灾事故	4
2006 年 12 月 28 日	吉林省长春市双阳区双鑫煤矿	封闭自然发火的采空区发生瓦斯爆炸	4
2005 年 1 月 21 日	辽宁省铁煤集团大明煤矿	煤炭自然发火引起瓦斯爆炸	9
2005 年 1 月 7 日	河南省三门峡市某取缔矿井	井下自燃，救护队 4 名队员下井侦查时突然发生爆炸	4
2004 年 7 月 3 日	云南省曲靖市东源煤业兴云煤矿	掘进面发生火灾事故	7
2003 年 12 月 11 日	乌鲁木齐市安宁渠煤矿	火灾事故	9
2002 年 1 月 7 日	四川省安县睢水镇联营煤矿	封堵南上山局部煤层自燃区时发生火灾事故	4
2001 年 12 月 29 日	四川省安县红桥镇振兴煤矿	采空区自燃，一氧化碳中毒	4

随着煤炭行业的发展，多年开采的煤矿逐渐步入“中老年”，井下环境也变得愈加复杂，使得井下开采时煤自燃危险性不断提高，特别是复杂条件下综采(放)工作面安全回撤更是给煤炭自燃防治工作带来了极大的挑战。

研究基于“四维”的综采(放)工作面回撤期间动态煤自燃防控技术体系，杜绝工作面发生火灾，是目前亟须解决的重要课题之一。虽然各矿各工作面地质赋存条件和生产情况不同，所采取的防灭火技术也不同。煤炭自然发火受时空演化过程中众多因素的影响，防灭火工作十分艰巨且很复杂。但是从整体来看，各种复杂条件下的回撤工作面煤层自燃防治过程均有规律可循，因此探究并掌握该规律，采取针对性的综合治理方案，并通过工业实践验证应用效果，最终成果可使煤矿防灭火技术体系更完善，为我国煤层自燃防治提供参考。

1.2 防灭火技术国内外研究现状

1.2.1 防灭火技术研究现状

全世界现有的防灭火技术主要包括注浆防灭火技术、阻化剂防灭火技术、均压防灭火技术、注惰性气体防灭火技术、堵漏风防灭火技术、胶体防灭火技术、泡沫防灭火技术、三相泡沫防灭火技术等[9]。

(1) 注浆防灭火技术

在采空区注浆快速有效，是应用时间最长的方法，但是注浆液的大量使用可能会对地表泥土和农田产生污染。因此，全世界很多学者试图研发更安全的注浆材料。我国于20世纪50年代开始采用该技术，进入70年代之后为了解决黄土泥浆的土源问题，兖州矿务局、重庆矿务局研发了页岩制浆技术，同时开滦、平顶山等矿务局利用粉煤灰作为注浆材料。浆液会紧密包裹煤体，阻止煤与氧接触，同时还能胶结浮煤，封堵采空区孔隙，增大漏风阻力，但是也存在一些不足，如浆液会大量脱水，影响工作面生产和煤质，防治中、高位煤体自燃效果差[10-11]。

(2) 阻化剂防灭火技术

阻化剂(阻氧剂)一般为盐类化合物，如 $MgCl_2$、$CaCl_2$ 等。阻化剂的浆液在接触煤体时会逐渐在煤体表面产生紧密的隔离层，隔离煤体与气体[12]，从而达到惰化煤体和抑制煤体氧化放热的目的。同时阻化剂浆液的水分在湿润煤体后使煤体降温，由于水具有较高的比热容，煤体升温会更加困难。

1966年，美国一篇专题报道中采用亚磷酸酯和二羟三烷醌两种化学试剂混合阻止煤的氧化很有效。我国最早研究阻化剂的单位是抚顺煤科分院，从20世纪70年代开始，相关研究人员就进行了大量的实验室和现场试验，在实验室内建立了不同变质程度煤体的氧化阻化装置，分别对各种阻化剂的阻化效果、各种煤处理后的变化情况以及阻化机理等进行了研究，初步确定了适合我国不同煤种的新型阻化剂，并且在辽宁抚顺、新疆乌鲁木齐、山东兖州等地矿区使用阻化剂防火取得了较好的效果。目前阻化剂防灭火技术已在我国几十个矿井中单独使用，或者与其他防灭火措施配合使用[13]。

利用阻化剂防灭火是一种简单、易行且短期内效果明显的方法，但是随着时间的推移，阻化剂所形成的液膜在失去水分后会失去阻化作用，甚至会促进煤的自然发火。

(3) 均压防灭火技术

均压防灭火技术是指采用风窗、风机、连通管、调节气室等调压手段，改变通风系统内的压力分布，降低漏风通道两端的压力差，减少漏风，从而达到抑制和熄灭火区的目的。根据使用的条件和作用原理不同，均压防灭火技术可以分为开区均压和闭区均压[14-15]。20 世纪 60 年代一些采煤技术发达的国家竞相采用均压防灭火技术，并多次获得成功。同时，我国也在淮南、辽源、开滦等地矿区试用均压防灭火技术，后来在徐州、阜新、抚顺、平庄、六枝、大同等地矿区逐渐推广[16]。总的来说，均压防灭火技术由于其操作简单、便捷，成本低廉且效果明显，因此在全国多个矿井中迅速应用。但是均压防灭火技术有其自身局限性，虽然进、回风巷的压力差可以采用均压手段来降低，但是压力差依然存在。因此均压防灭火技术通常与其他灭火方法联合使用，以达到最好的防灭火效果。

(4) 注惰性气体防灭火技术

矿用惰性气体包括氮气、二氧化碳和湿式惰性气体等在高浓度下可以抑制煤炭自然发火的气体。在煤炭自燃的防治方面，氮气纯度高(纯度高于 97%)，对于人和环境来说安全性更高，因此其应用广泛。

20 世纪 80 年代，我国开始对液氮防灭火技术进行研究。进入 21 世纪以来，随着制氮装备与技术不断发展，氮气防灭火技术在国有重点煤矿中获得了广泛应用，已经成为综放工作面防治煤自然发火的一项重要技术措施。但是采用惰性气体灭火具有一定的局限性，其灭火周期较长，火区易复燃，而且对现场的堵漏风要求也较高[17-18]。

(5) 堵漏风防灭火技术

堵漏风防灭火技术是指采取各种技术措施减少或杜绝向煤柱或采空区漏风，使煤缺氧而不发生自燃[19]。20 世纪在国外煤矿中就应用水砂、粉煤灰、粉煤灰加水泥等充填隔离采空区[20]，然而这一类方法有其使用条件和缺陷，例如水泥喷浆工作量大、回弹率大、抗动压性能差、堵漏效果不是十分理想；泡沫堵漏虽然堵漏性能好、抗动压性能好，但是其成本较高且高温时会分解并释放出有害气体[21]。

(6) 胶体防灭火技术

20 世纪 70 年代美国矿山局评估了 3 种密封堵漏材料，评估结果显示胍尔凝胶是唯一的富有弹性、易制备、适用于煤矿且寿命较长的避风堵漏剂，且其组分大部分是水，可以熄灭或者冷却其附近的煤炭以防止自燃。20 世纪 80 年代后期，随着我国煤矿广泛采用综放开采技术，原有的防灭火技术不能完全满足安全生产的要求，凝胶防灭火技术应运而生。1995 年中国矿业大学研制了凝胶阻化剂，采用 $x\mathrm{Na_2O} \cdot y\mathrm{SiO_2}$ 加速凝胶混合而成，这种阻化剂可以快速地在煤层表面形成致密保护层，阻止煤岩发生氧化反应，有效封堵了煤的裂隙和采空区的漏风通道，阻化了煤炭的氧化自燃，防灭火效果优于常规阻化剂[22-23]。

(7) 泡沫防灭火技术

泡沫防灭火技术又分为空气泡沫防灭火技术和惰气泡沫防灭火技术。空气泡沫主要是降低火源表面温度，但是对于煤层自燃灭火效果较差；惰气泡沫在降温的同时还降低了氧的浓度，对火源起窒息作用，效果比空气泡沫好[24]。空气泡沫和惰气泡沫的稳定性都较差，一般几小时内即全部破灭。在此基础上，江苏意创科技有限公司研发了罗克休泡沫，其主要由树脂和催化剂两种聚合材料制备而成，发泡倍数达 20～30 倍。罗克休泡沫虽然在稳定时间上有了提升，但是其流动性较差，无法抑制、防止顶煤自燃和上分层采空区浮煤自燃。

(8) 三相泡沫防灭火技术

三相泡沫防灭火技术主要由中国矿业大学王德明教授等提出[25]。三相泡沫是指将具有不溶性的固体不燃物(黄泥或粉煤灰)分散在水中，通入氮气并添加极少量发泡剂通过发泡器充分搅拌混合，形成固体颗粒均匀附着在气泡壁上的大量富集的含有气、液、固三相的体系。该技术具有注浆、注泡沫、注氮气和注阻化剂等综合防灭火功能，克服了各自不足，特别适用于扑灭和防治采空区大面积火灾、防治大倾角俯采综放采空区煤炭自燃、捕寻采空区高位和不明位置火源等[26]。三相泡沫防灭火技术已经成功应用于众多矿井，取得了显著的经济效益。但是三相泡沫没有实现固化，保水能力不强，一般 8～12 h 即破灭；同时三相泡沫破灭后，由于没有黏性，黄泥或粉煤灰并不能固结在一起，因此覆盖煤体和裂隙有时并不严实[27]。

1.2.2　采空区空间特性研究现状

采空区与覆岩的孔隙是遗煤自燃的漏风供氧及烟气和热量逸散的通道，是煤氧复合和蓄热升温的重要影响因素，决定遗煤自燃环境的气体浓度场、流场和温度场分布。因此，研究采空区与覆岩的空隙率分布规律对掌握采空区遗煤自燃过程中的热、质传递规律尤为重要。鉴于此,许多学者已采用理论分析、试验模拟和现场实测对采场空隙率的分布规律进行了大量的研究,但是由于工作面采空区的隐蔽性、覆岩冒落的随机性以及煤岩层地质的复杂性,对空隙率的描述还处于定性或者简化定量分析阶段。

李树刚等[28]通过模拟试验得出覆岩裂隙发育区空隙率和渗透系数的理论解;程久龙等[29]采用探地雷达技术分析了浅部采空区的物理特性[29];宋颜金等[30]利用弹性薄板理论和关键层理论,在定量描述覆岩下沉量基础上研究了覆岩裂隙的分布特征;周西华等[31]利用 MiVnt 图像分析软件,对拍摄的采空区冒落岩石堆积状态照片进行分析处理,得出采空区空隙率在空间上呈簸箕形状分布。这些研究成果对采场空间的空隙率进行了定性、定量描述,但是大多数为离散分区模型和一维变化模型。

此外,李宗翔等[32]、梁运涛等[33]、王月红等[34]为了模拟研究采空区流场特性,对空隙率二维连续变化模型进行了探析,得出采空区冒落岩石压实特性按"O"形圈分布或者采空区内空隙率整体呈现"U"形筛分布的结论。

张玉军等[35]、林海飞等[36]结合现场实测及可视化技术、相似材料及数值模拟,研究了采场覆岩裂隙分布及动态演化规律,确定了裂隙带的高度和宽度,分析得出采动裂隙带形态的影响因素主要为采高、岩性、煤层倾角及工作面几何尺寸等,这些结果定性描述了覆岩裂隙分布特征和裂隙在竖向上的变化规律,但是未对裂隙场空隙率沿覆岩平面的二维非均匀连续变化进行定量描述。

同时,马占国等[37]、徐精彩等[38]研究了采空区破碎岩石受压条件下的孔隙分布、渗透特性和碎胀系数的变化规律。王德明从空间和时间四维角度出发,模拟分析了某综放工作面推进过程中采空区氧气浓度的变化规律,得到了不同推进阶段采空区氧气浓度的分布规律。

1.3 本书研究内容、目标及技术关键

针对部分矿井条件复杂的工作面推进速度慢、采空区遗煤多、回撤周期长、漏风通道复杂、隐伏火源难定位等防灭火难题,根据破坏煤炭自燃所需的必要条件,深入探究工作面回撤期间煤炭氧化发火普遍规律,进一步归纳总结现有的防灭火技术,提出并实施一套具有针对性的基于时空演变规律的综采(放)工作面回撤期间煤自燃防控技术,达到消除煤层氧化自燃的目的,为类似矿井进行煤层自燃防治提供参考。

本书的主要研究内容如下：

(1) 在研究时空演变规律的基础上，创新性地提出了基于时空演变规律的综合防灭火技术体系，并论述该技术体系的构建原理，阐述工作面回撤期间采空区立体空间煤岩体赋存状态与工作面回撤时间、过程的复杂动态时空关系。

(2) 针对停采、扩棚及回撤等不同时期的特点，研究基于时空演变规律的防灭火技术体系的动态均压防灭火技术，建立数学模型进行数值计算，探究过程中的控风降压、设阻升压和锁风降压技术原理，为均压防灭火技术提供理论依据。

(3) 阐述立体防治技术原理，研究采空区平面"三带"和垂直"三带"分布特征及其时空演变关系，在此基础上探究采空区深部立体隔离对采空区"三带"分布规律的影响。

(4) 针对工作面回撤期间采空区漏风难治理问题，分析现有防灭火技术的不足，研究基于火灾防治的普瑞特Ⅱ型防灭火材料和超高水材料的技术特性、防灭火机理及其应用工艺参数，在综合分析两者防灭火适用条件的基础上研究材料组合隔离防灭火特性，以实现立体防控空间的有效隔离。

(5) 以基于时空演变规律的防灭火技术体系为技术支撑，通过井下工业试验验证该技术体系在各种复杂条件下综采(放)工作面回撤期间的应用效果，并总结经验。

1.4 本书研究方法和技术路线

针对复杂综采(放)工作面回撤期间所遇到的防灭火难题，基于时空演变规律的防灭火理念，通过建立数学模型分析得出基于时间维度的动态均压防灭火技术的理论依据和应用条件。采用工程类比和数值模拟方法探究深部立体隔离对采空区"三带"分布的影响规律，以此为基础论述立体防灭火技术原理。采用试验分析方法研究普瑞特Ⅱ型防灭火材料和超高水材料的技术特性、防灭火机理及应用工艺参数。通过井下工业试验验证基于时空演变规律的防灭火技术在各种复杂条件下综采(放)工作面回撤期间的应用效果，并总结技术成果，研究技术路线图如图1-1所示。

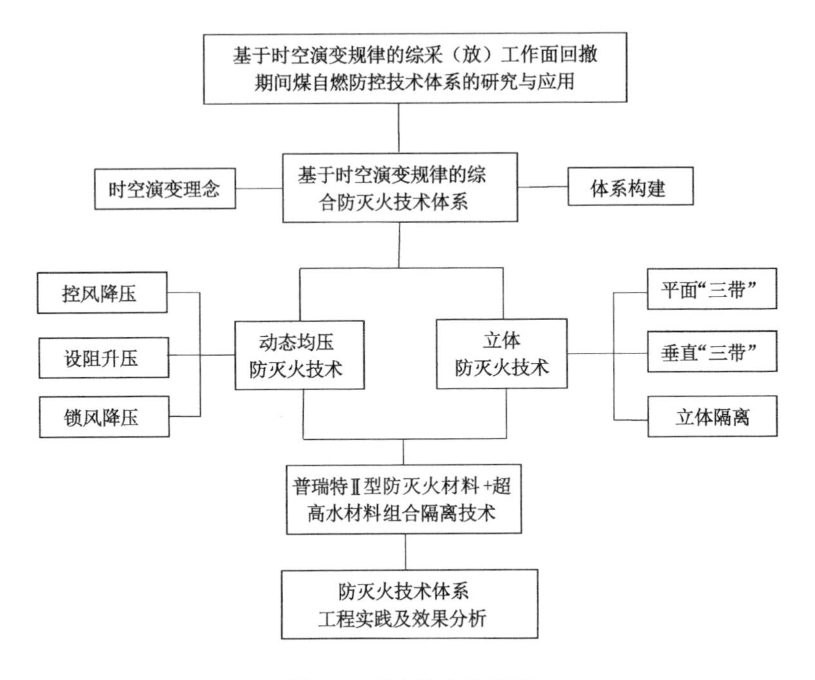
基于时空演变规律的综采（放）工作面回撤
期间煤自燃防控技术体系的研究与应用
时空演变理念
基于时空演变规律的综
合防灭火技术体系
体系构建
控风降压
设阻升压
锁风降压
动态均压
防灭火技术
立体
防灭火技术
平面“三带”
垂直“三带”
立体隔离
普瑞特Ⅱ型防灭火材料+超
高水材料组合隔离技术
防灭火技术体系
工程实践及效果分析

图 1-1　研究技术路线图

第 2 章　基于时空演变规律理念的综合防灭火技术体系

时空坐标是物理学中用来代表时空坐标的值。时空演变规律可以用“四维”(即四个维度，由无数个三维空间相互叠加而成)来描述。从这种认知角度，可以将采空区煤岩体空间定义为一个三维立体空间，将工作面回撤期间的整个时间过程定义为一维时间轴线，随着回撤时间轴线的推进，采空区煤岩体三维空间动态变化，整体表现为随着时间维度的变化无数个三维空间动态演化接替，故可以将采空区定义为一个动态的四维空间。正常回采作业形成的采空区空间往往是连续、动态演化的，采空区中的气体组分分布是受时空演变累计影响的结果。

煤自燃现象是由煤和氧发生反应放热及环境散热通过复杂耦合得到的，是热量积蓄与放散的动态变化的体现。影响蓄热环境的主要因素有松散煤体堆积厚度、空隙率、漏风量、热质交换过程和边界条件等，而这些参量并不是固定不变的，随着时间动态变化。基于防灭火要求，工作面回撤期间应使回撤时间最短，即加快回撤速度，缩短回撤周期，这样可以改变遗煤蓄热时间，杜绝遗煤自燃。但是在现实情况下，由于综采(放)工作面现场拆除条件较为复杂，导致工作面设备拆除速度慢，回撤周期长，难以保证工作面的安全回撤，致使采空区煤岩体三维空间动态变化，遗煤供氧蓄热周期长且复杂多变，给采空区遗煤火灾治理带来了较大困难。

煤炭自燃的环境必须是半封闭空间，这样才能保证既有良好的通风供氧条件又能积聚热量，从而使煤体升温而自燃。采空区及上覆岩层受采空区卸压影响形成的裂隙通道是采空区遗煤自燃的主要漏风供氧通道，同时又是主要的烟气逸散通道和散热通道，是煤、氧复合反应和遗煤蓄热升温过程的重要影响因素，其空间结构及变化规律，对遗煤自燃环境的氧气浓度场、气体流场、气体温度场及冒落煤岩固体温度场的分布具有直接影响。

然而由于覆岩冒落过程随机、采空区难以观测以及煤岩层地质构造复杂,一般情况下较难准确描述实际采空区的空间特性。对于采空区空间内某点处的遗煤来说,在气体流场、氧气浓度场、气体温度场以及冒落煤岩固体温度场等多场相互耦合作用下,煤炭热量的积蓄导致煤炭自燃。煤体温度的升高会导致小范围遗煤燃烧,形成高温热源,造成周围大范围遗煤升温自燃。特别是综放工作面,其采空区空间大,遗煤分布广。由于煤岩和冒落顶板岩性存在差异,垂直方向上的裂隙发育程度不同,这就导致在不同的空间高度中采空区的漏风情况不相同,即自燃危险区域呈立体分布。只有准确分析采空区自燃危险区域的分布特点,发现采空区自然发火规律,才能做到有的放矢,从而切实有效地保护工作面安全回采作业。而分析隐蔽空间采空区遗煤自然发火规律的前提是准确掌握采空区实际条件下(贫氧条件)的煤自燃特性和采场立体空间特性。掌握隐蔽空间采空区自然发火规律的同时,还必须要有针对性的技术手段,这样才能有效防治采空区的遗煤自燃,从而保障矿井的安全生产。

基于时空演变规律理念的综合防灭火技术体系是基于采空区覆岩立体空间与回撤周期的复杂时空演变关系而构建的,其更多地强调在不同时期应采取相应的针对性综合防灭火技术措施,体现了火灾防治的前瞻性、动态性、针对性和高效性。

工作面回撤期间的基于时空演变规律的防灭火技术体系主要包括基于时间维度的动态均压控风技术、基于立体空间的煤自燃危险区域定位技术和基于普瑞特Ⅱ型防灭火材料+超高水材料组合的隔离技术。工作面通风均压技术和立体防治技术,都应基于工作面回撤期间采空区煤岩体三维立体空间随回撤时间动态变化而采取及时的处理技术。针对回撤期间不同时期的特点,提出了动态均压防灭火技术,即工作面采取的均压技术措施应基于工作面的动态供风需求,根据实际情况采取针对性的控风降压、设阻升压、锁风降压等技术措施。

针对采空区遗煤多、范围广、采空区深部漏风难封堵等特点,在分析采空区平面"三带"分布特征和采动覆岩垂直"三带"动态分布特征的基础上,综合分析自燃带和冒落带时空演变关系,提出了动态立体防治技术,即结合采空区煤岩体三维空间随时间动态变化特点,根据不同时间点的采空区煤岩体赋存状态,确定匹配的立体防治方案。在根据四维防灭火治理理念将采空区遗煤治理范围缩小的前提下进行针对性立体控制,达到治理成本降低和应用广泛的目的。即在工作面停采时期利用远距离高位钻孔灌注防灭火材料在采空区深部形成立体隔离;灭火降温的同时封堵深部漏风通道,将采空区深部遗煤氧化区主动隔离,迫使采空区遗煤氧化带范围缩小并前移。在缩小采空区遗煤氧化带的基础上,通过近距离低位钻孔和架间钻孔向采空区灌注针对性的防灭火介质,与深部隔离物共同形成立体防治空间,通过对防灭火材料的组合应用,破坏遗煤氧化条件,达到抑制和消除遗煤氧化的目的。

第3章　回撤时期动态均压防灭火技术

工作面停采后需要进行铺网、扩棚、设备回撤等,基于防灭火治理需求,一般情况下可采取加快工作面回采速度的措施,缩短回撤周期。但是对于现场拆除条件较为复杂的综采(放)工作面,设备回撤速度较慢,随着回撤时间的增加,采空区遗煤氧化程度增大,氧化范围扩大。而且从停采到撤架结束期间,工作面开切眼断面和架后采空区、上覆岩体孔隙场变化,导致采空区漏风量变化,火源点隐蔽难定位,防灭火难度骤增。为解决此封堵漏风难题,提出了基于时间维度的动态均压控风技术,针对现场变化情况采取相应的均压技术措施,促使控风效率最大化。

3.1　动态均压的基本原理

工作面回撤期间,铺网、上绳等会对工作面通风系数产生影响的作业都是影响工作面的风阻,致使进、回风风压差产生变化。铺网、上绳期间工作面供风量减少,减少了内部的漏风量,但可能会造成外部漏风量增大;扩大回撤通道后,工作面有效通风面积增大,巷道风阻降低,工作面的风压值降低,与邻近煤层的压差增大;回撤设备时,因为要架设支护,通风风路的摩擦阻力系数增大,工作面进、回风的压差增大,引起内部漏风量增加。通风系统在工作面回撤过程中处于不稳定状态,工作面漏风风向对应产生动态变化,从而导致采空区遗煤氧化,采空区 CO 向工作面运移。

为了保护工作面回撤作业,需要按照工作面风阻值的变化情况制定不同阶段的动态均压防灭火技术方案,具体内容如下:

① 工作面煤尘量在工作面停止作业时会减少,因此工作面需风量减少。采用在回风巷道布置调节风门的方法来降低工作面风量,平衡工作面两端压差,从而减少采空区漏风量。

② 在扩大回撤通道阶段，在进风巷道安装局部通风机，在回风巷道安装调节风门，局部通风机和调节风门结合使用，提高工作面的风压，以减少外部漏风。

③ 在设备回撤阶段，结合扩大回撤通道阶段安装的局部通风机和调节风门，在保持局部通风机风量不变的前提下，首先增大工作面的有效通风面积，其次调节回风巷道风门通风面积，使风门通风面积小于工作面有效通风面积，从而减少采空区内部与外部漏风。

3.2　控风降压技术

为了方便研究，将通风系统简化并构筑模型进行分析，作如下假设：

① 除工作面及其内、外部漏风之外的所有分支简化为 1 个或 2 个分支；

② 将采空区的内部漏风简化为与工作面并联通风的 1 个分支；

③ 将连通进风与回风的大气看作风阻为 0 的 1 个分支。

图 3-1 中，分支 1 为中央进风巷道，分支 2 为工作面进风巷道，分支 3 为工作面，分支 4 为采空区，分支 5 和分支 6 为外部漏风区域，分支 7 为工作面回风巷道，分支 8 为中央回风巷道。

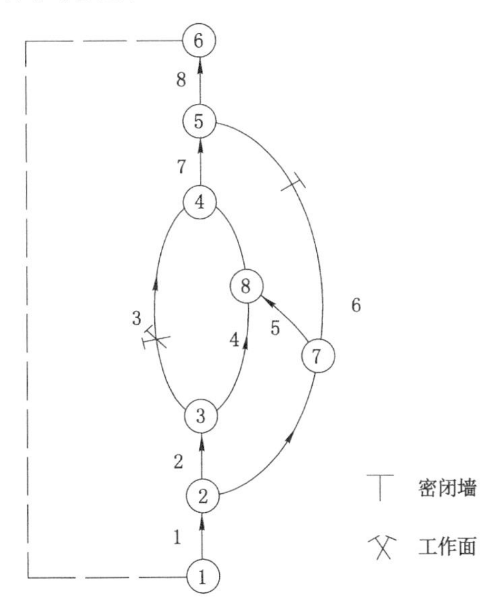

图 3-1　工作面通风系统

稳定的通风系统中,工作面风量满足:

$$Q_7 = Q_2 + Q_5 = Q_3 + Q_4 + Q_5 \tag{3-1}$$

$$Q_5 \propto \Delta h_5 \tag{3-2}$$

式中 Q_2, Q_3, Q_4, Q_7, Q_5——工作面进风巷道风量、工作面风量、采空区漏风量、回风巷道风量以及外部漏风量,m^3/s;

Δh_5——外部区域与工作面采空区之间的压力差,Pa。

稳定的通风系统中,工作面两端总风压等于各支路风压,即

$$h = h_3 = h_4 = RQ^2 \tag{3-3}$$

式中 h——工作面干路两端总风压,Pa;

h_3——工作面支路风压,Pa;

h_4——采空区支路风压,Pa;

R——工作面干路总风阻,kg/m^7;

Q——工作面干路风量,m^3/s。

采空区漏风量 Q_4 为:

$$Q_4 = \sqrt[n]{\frac{\Delta h}{R_4}} \tag{3-4}$$

式中 Q_4——采空区漏风风路的漏风量,m^3/s;

R_4——采空区漏风风路的风阻,kg/m^7;

Δh——漏风风路起点和终点的压差,Pa;

n——流态指数,层流状态时 $n=1$,紊流状态时 $n=2$,过渡状态时 $1<n<2$。

由式(3-3)可知:当工作面总风量 Q 减小后,h 相应减小,由于工作面条件没有发生改变,风阻 R_3、R_4 和 R 的改变可以忽略,所以进、回风巷道之间的压差 Δh 减小。

由式(3-4)可知:从上隅角向采空区的内部漏风量减少,又因为工作面采用回风流增阻的方法来降低风量,该方法使得工作面风压升高,从而使外部的漏风通道两端的压差降低,外部漏风通道向采空区的漏风量减少,所以停采后工作面的供风量只需满足在工作面同时工作的最多人数和工作面最低风速要求即可。

3.3 设阻升压技术

扩大回撤通道时,分支 3 的通风面积增大,工作面摩擦阻力降低,风量增加,分支 4 的风量减少,但是外部漏风量 Q_5 增加。为了降低外部漏风,在进风

巷道安装局部通风机，在回风巷道内建调节风门，降低分支 3 与分支 4 的压差，减少内部漏风。该技术在保证采空区漏风量降低的情况下，增加内部通风系统的风压，降低外部漏风。风门与局部通风机联合均压后分支 3 的压力分布如图 3-2 所示。

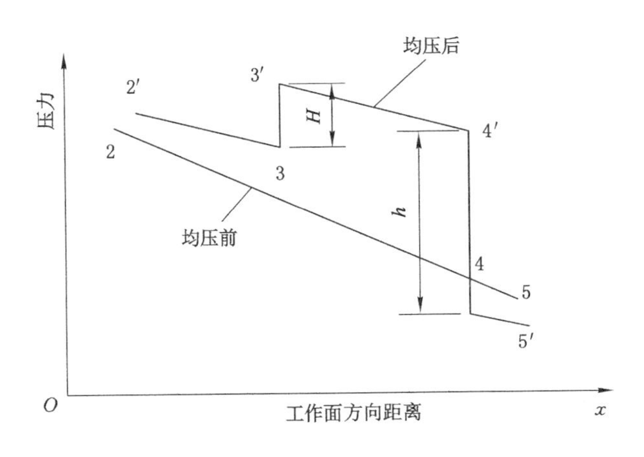

图 3-2　均压后工作面压力变化

图 3-2 中，H 为均压前、后分支 3 压力变化值；h 为均压前、后分支 4 压力变化值。

所以，在扩大回撤通道阶段可以在工作面的进、回风巷道分别安装局部通风机和调节风门，将两种通风设施结合使用来均压，以减少漏风。

3.4　锁风降压技术

工作面回撤设备阶段，采用密集木垛进行顶板支护，部分顶板垮落，导致分支 3 通风面积减小，风阻增大，分支 4 风阻保持不变，并联风路的风阻增大，进一步，分支 2 风量减小。

此时有如下关系式：

$$\Delta Q_4 = \Delta Q_2 - \Delta Q_3 \tag{3-5}$$

且 $\Delta Q_3 < 0$，$\Delta Q_2 < 0$。

由单一并联风路风量分配原理可知 $\Delta Q_2 > \Delta Q_3$，所以 $\Delta Q_4 > 0$，即分支 3 阻力增加导致分支 4 的风量增加。

为了使分支 3 的风量稳定，同时减少分支 4 的风量，采取如下措施：

(1) 快速清理分支3,增大通风面积,降低风阻;

(2) 利用局部通风机与风门联合均压,提高工作面并联支路的风压,减少外部漏风,具体做法是减小分支7的通风面积,并适当调节局部通风机风量。

采取上述措施后,通风系统中各分支风量和风阻发生变化,其中风量变量之间满足如下关系式:

$$\Delta Q_1 = \Delta Q_3 + \Delta Q_4 + \Delta Q_5 \tag{3-6}$$

式中 ΔQ_i——第 i 分支风量变化,$i=1,2,\cdots,8$。

分支3通风面积增大引起分支2、3、4和5组成的通风系统风阻减小,记作:

$$\Delta R'_{2\text{-}5} = R'_{2\text{-}5} - R_{2\text{-}5} \tag{3-7}$$

式中 $R_{2\text{-}5}$——分支3通风面积变化前分支2与分支5之间的风阻;

$R'_{2\text{-}5}$——分支3通风面积变化后分支2与分支5之间的风阻;

$\Delta R'_{2\text{-}5}$——分支3通风面积变化前、后分支2与分支5之间的风阻差值。

分支7调节风门面积减小导致2、3、4和5组成的通风系统风阻增大,记作:

$$\Delta R''_{2\text{-}5} = R''_{2\text{-}5} - R_{2\text{-}5} \tag{3-8}$$

式中 $R''_{2\text{-}5}$——分支7通风面积变化后分支2与分支5之间的风阻;

$\Delta R''_{2\text{-}5}$——分支7通风面积变化前、后分支2与分支5之间的风阻差值。

为了降低分支4的风量,则:

$$\begin{cases} \Delta Q_4 < 0 \\ \Delta Q_5 < 0 \end{cases}$$

在由分支3和分支4组成的并联风路中,只要减小分支3的通风面积,增大其风阻,而分支4风阻保持不变,则在进风量不变的情况下就能够满足 $\Delta Q_4 < 0$。

为了降低外部漏风,使 $\Delta Q_5 < 0$,采取局部通风机与风门联合均压措施后,由式(3-2)可知满足如下关系式:

$$\Delta R''_{2\text{-}5} + \Delta R'_{2\text{-}5} > 0 \tag{3-9}$$

根据并联风路特征,有以下等式成立:

$$\begin{cases} R_{2\text{-}5} = R_2 + R_7 + \dfrac{R_3 R_4}{R_3 + R_4} \\ R'_{2\text{-}5} = R_2 + R_7 + \dfrac{R'_3 R_4}{R'_3 + R_4} \\ R''_{2\text{-}5} = R_2 + R'_7 + \dfrac{R'_3 R_4}{R'_3 + R_4} \end{cases}$$

式中　R_i——第 i 分支的风阻，$i=1,2,\cdots,8$；

R'_i——实施措施后第 i 分支风阻值，$i=1,2,\cdots,8$。

则有：

$$\Delta R'_{2\text{-}5} + \Delta R''_{2\text{-}5} = R'_{2\text{-}5} - \Delta R_{2\text{-}5} + R''_{2\text{-}5} - R_{2\text{-}5} \tag{3-10}$$

式(3-10)可简化为：

$$\Delta R'_{2\text{-}5} + \Delta R''_{2\text{-}5} = R_4^2 \frac{\Delta R'_3}{(R_4 + R'_3)(R_4 + R_3)} + \Delta R'_7 \tag{3-11}$$

联合式(3-9)得：

$$\frac{R_4^2}{(R_4 + R'_3)(R_4 + R_3)} < \frac{\Delta R'_7}{|\Delta R'_3|} \tag{3-12}$$

其中 $\Delta R'_3<0$，则$\dfrac{R_4^2}{(R_4+R'_3)(R_4+R_3)}=\dfrac{1}{(1-R'_3/R_4)(1+R_3/R_4)}<1$ 恒成立，因此只要保证$\dfrac{\Delta R'_7}{|\Delta R'_3|}>1$，即可使 $\Delta Q_5<0$。

通风系统中，风阻 $R\propto 1/S^3$，S 为巷道断面面积。为了使$\dfrac{\Delta R'_7}{|\Delta R'_3|}>1$ 成立，必须满足分支 7 的通风面积小于分支 3 的通风面积。

通过上述理论分析可知：在设备回撤过程中，利用已经设置的局部风机和调节风门，在保持局部通风机风量不变的前提下，首先增大工作面的有效通风面积，其次调节回风巷道风门通风面积，使风门通风面积小于工作面有效通风面积，从而减少采空区内部与外部漏风。

第4章　立体防灭火技术

4.1　立体防治技术原理

针对采空区遗煤多、范围广、采空区深部漏风难封堵等特点，结合采空区煤岩体三维空间随时间动态变化特点，根据不同时间点的采空区立体煤岩体空间状态，确定匹配的立体防治方案。

因为存在采空区遗煤范围广、全面治理工程量大、成本高等难题，基于四维防灭火治理理念，在将采空区遗煤治理范围缩小的前提下进行针对性立体控制，达到降低治理成本和应用更广泛的目的。即在工作面停采初期利用远距离高位钻孔在采空区深部灌注超高水材料形成立体隔离；灭火降温的同时隔离漏风通道，从而将采空区深部遗煤氧化区主动隔离，使采空区遗煤氧化带范围缩小并前移。

回撤过程中，采空区深部逐渐被压实，煤自燃危险区域前移至支架后部的浅部范围，此时在架间布置检测与施工钻孔进一步锁定发火立体空间范围，同时定位检测钻孔可用于灌注防灭火材料，取得“一孔两用”效果。

在锁定发火空间范围的基础上，通过灌注普瑞特Ⅱ型防灭火材料在采空区浅部形成隔离带，从而实现对工作面回撤期间采空区煤炭自燃的立体控制。

针对布置高位钻孔或低位钻孔难以控制的工作面架后浅部遗煤区域和架尾顶煤区域，工作面扩棚完成后可根据现场需求采用布置架间钻孔的方式灌注防灭火材料，对架后浅部遗煤区域进行针对性防治，破坏遗煤氧化条件，达到抑制和消除遗煤氧化的目的。

在采空区深部遗煤区域高位钻孔灌注防灭火材料后形成的立体隔离示意图如图4-1所示。采空区浅部遗煤区域架间钻孔灌注防灭火材料扩散覆盖治理示意图如图4-2所示。

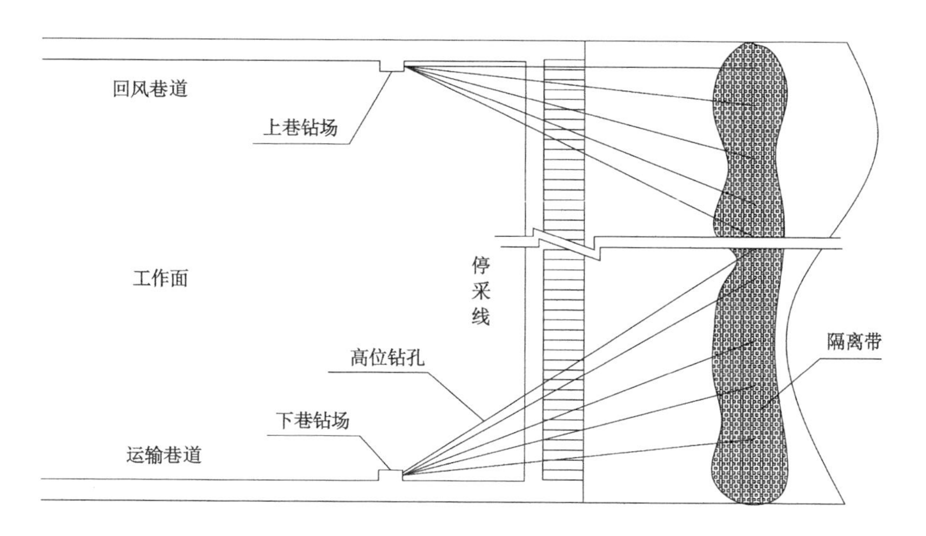

图 4-1　采空区深部遗煤区域立体隔离示意图

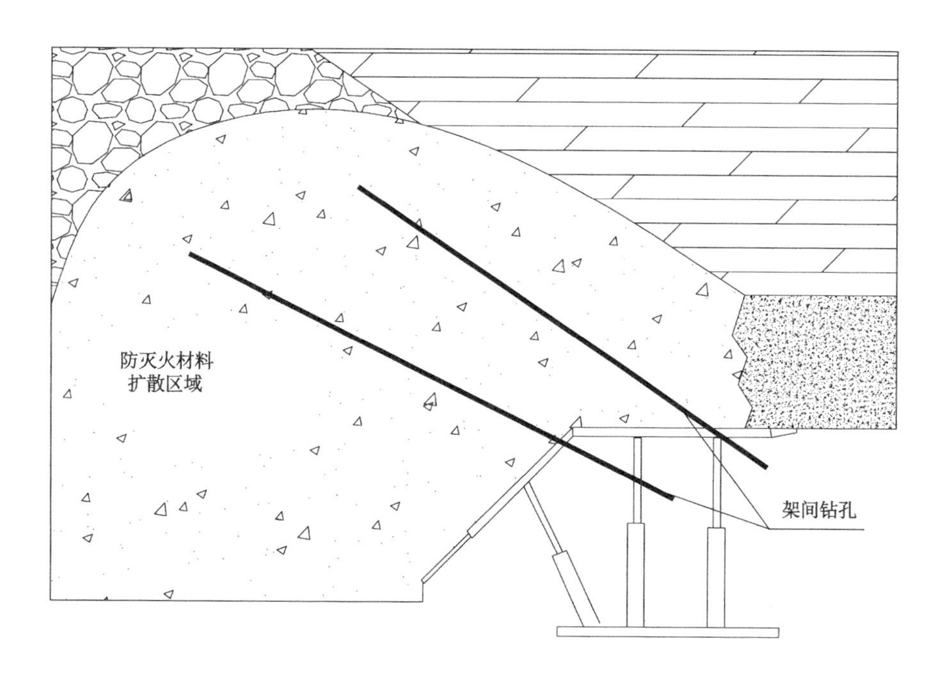

图 4-2　采空区浅部遗煤区域架间立体隔离示意图

4.2 采空区平面“三带”分布

由于矿井开采受井下环境的影响，所以不管采取哪一种开采方式都无法完全阻止部分风流漏失到采空区中。采空区漏风的流场分布受多个因素影响，包括采空区围岩的性质、矿井开采工艺、顶板压力和回采速度等。这些因素随回采作业动态变化。

采空区“三带”的划分取决于采空区漏风流场，即采空区平面“三带”的分布也是动态的，随着时间的推移采空区深部不同区域漏风致燃状态不断变化，一般划分为三个漏风带，即散热带、氧化带和窒息带，如图 4-3 所示。

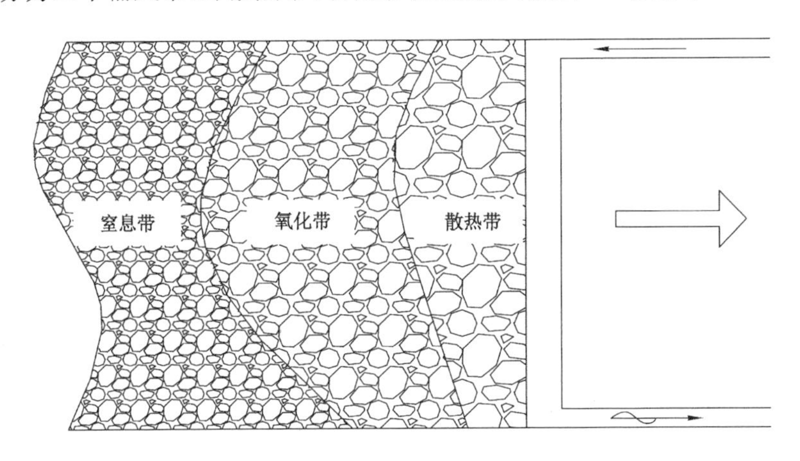

图 4-3　采空区“三带”分布图

(1) 散热带距离工作面很近，其范围一般为从回采工作面到采空区的前沿 5～25 m。该范围内采空区煤岩受顶压较小，时间较短，堆积密度较小，漏风量大，煤发生氧化反应产生的热量小于漏风风流带走的热量，而且浮煤与空气接触时间较短，所以自燃发生的概率很小。

(2) 氧化带的范围一般为从回采工作面到采空区前沿 30～60 m。该范围内煤岩受顶压影响较大，孔隙缩小甚至关闭，风流阻力增大，漏风风量减小，遗煤发生氧化反应产生的热量大于风流带走的热量，煤岩热量开始积聚而致使温度逐渐升高，甚至可能造成遗煤自燃，故此区域又被命名为自燃带。

(3) 窒息带的范围为从自燃带向采空区内延伸的剩余采空区区域，该范围内煤岩受顶压影响最大，裂隙基本闭合，没有风流，不能提供遗煤发生氧化反应所需要的氧气浓度。即使遗煤已经在其他区域自燃，此时只需加快回采作业，使自燃的遗煤进入此区域，遗煤就会因为缺少氧气而逐渐熄灭。

因为采空区不同分带煤岩的自燃特性不同，因此准确地划分“三带”对于确定采空区内的自然发火点和切实有效地制定防灭火方案具有重要的作用。根据矿井开采的实际情况，通常采取以下几种方法对采空区“三带”进行划分：

（1）根据采空区氧气浓度划分

根据采空区氧气浓度划分“三带”是最常用的划分方法，即将不同的氧气浓度梯度作为分带指标：

① 不自燃带（空气中氧气含量大于15%）。较高的氧气浓度使得遗煤可以很快发生氧化反应，但是因为该区域的风流流速较快，氧化反应产生的热量难以积蓄，反而不容易自燃。

② 自燃带（空气中氧气含量为15%～75%）。该区域的氧气浓度适中，遗煤可以在该环境中发生氧化反应并放热，因为该区域的风流流速较慢，氧化反应产生的热量难以发散，最容易自燃。

③ 窒息带（空气中氧气含量小于15%）。该区域漏风量小，供氧不足，煤无法发生氧化反应产生热量。

（2）根据采空区漏风流速划分

该方法将采空区漏风的流速梯度作为采空区分带指标：

① 不自燃带：流速大于0.24 m/min；

② 自燃带：流速为0.1～0.24 m/min；

③ 窒息带：流速小于0.1 m/min。

在实际应用过程中，由于采空区内垂直方向和水平方向上的非均质性和风流在采空区内流动时流动方向的不确定性，很难得到精确的采空区漏风值。

（3）根据采空区温度划分

反应煤自然发火程度的最直观的指标是温度，然而煤是导热性能极差的介质，对采空区内热量变化的观测至今仍是世界性难题，很难有方便易行的方法来检测采空区内各个位置的温度，因此该指标通常作为辅助指标来检验前两种指标的划分结果。

4.3 采空区及上覆岩层空隙率三维分布规律

煤矿开采过程始终伴随着原岩应力破坏到二次应力分布的动态变化。在采煤工作面推进过程中采场应力场的变化会引起空隙场(包括孔隙和裂隙)的相应变化,从而决定了采动区域多孔介质渗透率的空间分布。采动区域的上覆岩层下沉量和空隙率之间具有明显的对应关系,因此可以由岩层移动量推导采场空隙率分布规律,从而换算出采场多孔介质的渗透率,为揭示采空区遗煤自然发火规律提供重要参数。

4.3.1 采空区及上覆岩层三维分区

回采造成采空区上覆岩层应力重新分布,采空区垂直方向上岩层因此产生不同形态变化,按照岩层的变化情况,将其分为以下“三带”:

(1) 冒落带——受采动影响而直接破碎的采空区围岩,该区域岩层受应力影响最大,岩石碎裂,破坏程度最高。

(2) 裂隙带——位于冒落带后方,该区域岩层受应力作用虽然没有出现大规模碎裂,但断裂和裂隙十分发育。

(3) 弯曲下沉带——不产生明显裂隙而仅产生弯曲下沉的岩层。

采空区上覆岩层三维分区如图 4-4 所示。

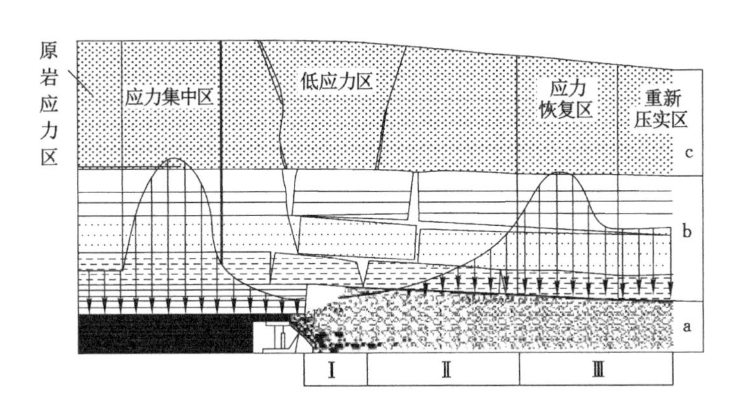

Ⅰ—自然堆积区;Ⅱ—破碎堆积区;Ⅲ—重新压实区;a—冒落带;b—裂隙带;c—弯曲下沉带。

图 4-4 采空区上覆岩层三维分区图

4.3.2 采空区及上覆岩层空隙率三维分布

(1) 裂隙带空隙率

由于裂隙带各个岩层的岩性不同,导致在岩层沉降过程中不同岩层的变形幅度差异较大,岩层中出现分离、断裂现象,生成大量的裂隙。裂隙带相邻两个

岩层之间的空隙率 $\varphi_{i,i+1}$ 以及平均空隙率分别由式(4-1)和式(4-2)计算。则整个裂隙带内的平均空隙率 φ 可由式(4-3)得出：

$$\varphi_{i,i+1}=\frac{\Delta w_{ki}\,\mathrm{d}x\mathrm{d}y}{\Delta\sum h_i\,\mathrm{d}x\mathrm{d}y}=\frac{w_{ki}-w_{ki+1}}{\sum h_i-\sum h_{i+1}} \tag{4-1}$$

$$\Phi_{i,j+1}=\frac{V_{空隙}}{V_{区域}}=\frac{\int_0^{L}\int_{-l_y/2}^{l_y/2}\Delta w_{k2}\,\mathrm{d}x\mathrm{d}y+u_i\Delta\sum h_i}{L_s l_y\Delta\sum h_i} \tag{4-2}$$

$$\Phi_{i,j+1}=\frac{\sum\limits_{i=1}^{n}\left(\int_0^{L}\int_{-l_y/2}^{l_y/2}\Delta w_{ki}\,\mathrm{d}x\mathrm{d}y+u_i\Delta\sum h_i\right)}{L_s l_y\Delta\sum h_i} \tag{4-3}$$

式中　n——采场上覆岩层的层数；

$\sum h_i$—— 垂直方向第 i 层岩层到煤层顶板的距离，m。

(2) 冒落带空隙率

冒落带岩体的膨胀系数和空隙率有如下关系式：

$$K_{\mathrm{p}}=\frac{1-\varphi_0}{1-\varphi} \tag{4-4}$$

即

$$\varphi=1-\frac{1}{K_{\mathrm{p}}}+\frac{\varphi_0}{K_{\mathrm{p}}} \tag{4-5}$$

由于岩体的初始空隙率一般很小，所以式(4-5)可简化为：

$$\varphi=1-\frac{1}{K_{\mathrm{p}}} \tag{4-6}$$

式中　K_{p}——破碎岩石的碎胀系数；

φ——破碎岩石的空隙率；

φ_0——岩石未破碎前的初始空隙率。

煤矸石的碎胀系数为：

$$K_{\mathrm{p}}=\frac{h_{\mathrm{d}}+H-w_{\mathrm{b}}|_{y=0}}{h_{\mathrm{d}}} \tag{4-7}$$

所以垂直工作面截面上的空隙率变化曲线可由下式表示：

$$\varphi_{\mathrm{G}}|_{y=0}=1-\frac{h_{\mathrm{d}}}{h_{\mathrm{d}}+H-w_{\mathrm{b}}|_{y=0}} \tag{4-8}$$

其中，

$$w_{\mathrm{b}}|_{y=0}=[H-h_{\mathrm{d}}(K_{p_{\mathrm{b}}}-1)](1-\mathrm{e}^{-\frac{x}{2l}})$$

式中　$\varphi_G|_{y=0}$——$y=0$ 截面上的空隙率；

h_d——直接顶厚度，m；

H——采高或采放高度，m；

$w_b|_{y=0}$——基本顶沿采空区底板走向中轴线分布的下沉量，m；

K_{p_b}——直接顶破碎岩体残余碎胀系数；

l——基本顶破断岩块长度，m。

沿工作面倾向偏离 y 轴原点的空隙率变化系数符合如下关系式：

$$\varphi_{G,y}=1+e^{-0.15\left(\frac{l_y}{2}-|y|\right)} \tag{4-9}$$

煤层倾角致使采空区煤岩受自身重力影响，整体空隙率呈现上大、下小的情况。

采空区煤岩空隙率和轴向应力之间的关系式为：

$$\varphi_\gamma=\beta_3\sigma^3+\beta_2\sigma^2+\beta_1\sigma+\beta_0 \tag{4-10}$$

式中　φ_γ——松散破碎岩石受轴向应力作用后的空隙率；

σ——轴向应力，MPa；

β_i——回归系数，$i=1,2,3$；

β_0——破碎岩石未受轴向应力作用前的空隙率。

倾斜煤层采空区煤岩应力分布图如图 4-5 所示。由图 4-5 可知采空区截面 A-A'在煤层倾向上的压应力为：

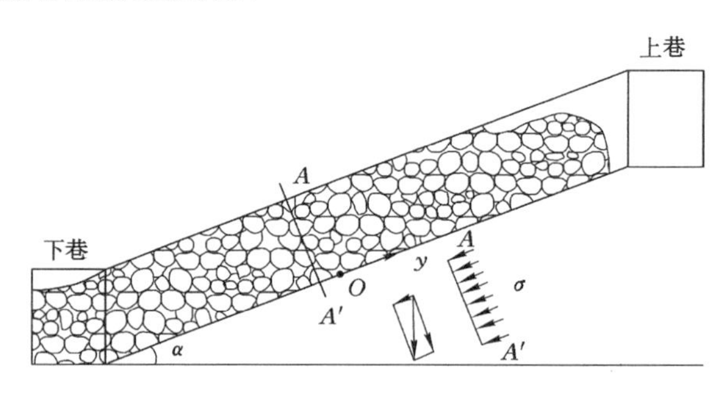

图 4-5　倾斜煤层采空区煤岩应力分布图

$$\sigma=(1-\varphi_G)\gamma\left(\frac{l_y}{2}-y\right)\sin\alpha \tag{4-11}$$

式中　σ——任一截面 A-A'上的压应力，MPa；

γ——冒落岩石重度，N/m^3。

实际开采条件下，煤层倾角 α 一般较小，采空区煤岩的重度一般低于

$3\times10^4\ N/m^3$，因此得到的截面上的压应力往往可以忽略不计。

综上所述，采空区的空隙率为：

$$
\begin{aligned}
\varphi_G &= \beta_1\sigma + \varphi_{G,y}\varphi_G\mid_{y=0} \\
&= \beta_1(1-\varphi_G)\gamma\left(\frac{l_y}{2}-y\right)\sin\sigma + \\
&\quad [1+e^{-0.15\left(\frac{l_y}{2}-|y|\right)}]\left\{1-\frac{h_d}{h_d+H-[H-h_d(K_{p_b}-1)](1-e^{-\frac{x}{21}})}\right\}
\end{aligned}
$$

解上式得：

$$
\Phi_G(x,y)=1+\frac{[1+e^{-0.15\left(\frac{l_y}{2}-|y|\right)}]\left\{1-\frac{h_d}{h_d+H-[H-h_d(K_{p_b}-1)](1-e^{-\frac{x}{21}})-1}\right\}}{1+\sigma_0^{-1}\beta_1\gamma\left(\frac{l_y}{2}-y\right)\sin\alpha} \tag{4-12}
$$

根据渗透率与空隙率的 Kozeny-Carman 关系式：

$$
k=\frac{\varphi^3}{(1-\varphi)^2}F_s^2 s^2 S_{gv}^2 \tag{4-13}
$$

式中　k——渗透率，μm^2；

　　φ——空隙率；

　　F_s——形状系数；

　　s——迂曲度；

　　S_{gv}——单位重质介质中所包含颗粒的表面积。

再根据 Hoek 和 Bray 对 Kozeny-Carman 关系式的研究结果：

$$
k=\frac{k_0}{0.241}\cdot\frac{\varphi^3}{(1-\varphi)^2} \tag{4-14}
$$

式中　k_0——基准渗透率，可取 10^3 D。

从而可计算出采空区上覆岩层各个区域的渗透率，为研究采空区火源发展规律和防灭火介质的流动特性提供重要参数。

4.4　深部立体隔离对采空区“三带”分布规律的影响分析

在垂直方向上，与自然发火关系最密切的是冒落带，其次是裂隙带。冒落带是浮煤存在的空间，冒落带内岩石的基本性质、膨胀性及其堆积状态对采空区的空隙率有着直接影响，决定采空区的漏风状态和漏风强度，从而直接影响采空区遗煤的自然发火。裂隙带是在基本顶断裂之后形成的。裂隙带的形成增大了采空区气体运动的自由空间，遗煤中瓦斯析出后，与采空区漏风一起沿垂直方向扩散，促进了采空区内的氧气流动和热交换，使遗煤的自然发火危险性增大。但是这种作用有限，对采空区遗煤自燃影响最直接、作用最大的是冒落带。综放采空区同其他开采方式形成的采空区的最大区别为：采空区冒落带的高度大，采空区内的遗煤量多，且分布复杂，漏风强度增大，蓄热环境较好，自燃危险性增大。故采空区内垂直方向的冒落带与水平方向的氧化带相互影响的重合立体空间，即立体防治的重点区域。且随着工作面撤架时间的推移，冒落带内的重新压实区逐渐沿工作面方向运移，致使破碎堆积区范围缩小且前移，即采空区内水平方向的氧化带缩小并前移，同时在垂直方向上裂隙带下部岩层长时间受高应力作用而断裂破碎，导致冒落带范围逐渐向顶板扩大，即采空区冒落带范围扩大并向上部发展。

在上述研究成果基础上，采用 COMSOL 软件数值模拟研究了在采空区氧化带前部一定区域内以冒落带高度增设立体隔离物，分析得出立体隔离物对采空区“三带”分布规律的影响，为采空区高、低位钻孔设计参数的确定提供依据。

采用 COMSOL 数值模拟软件建立模型后，根据常规数据添加应用条件，计算得出分析数据。

模型参数如下：

① 巷道宽度、高度分别为：4 m、3 m；

② 工作面长度、宽度、高度分别为：120 m、7 m、3 m；

③ 巷道进风量：1 200 m^3/min；

④ 采空区空隙率：0.4～0.6。

由上述条件计算得出的采空区内气体漏风流场分布图如图 4-6 所示。

由图 4-6 可知：在采空区架后 20～50 m 范围内漏风流场内漏风风速为 0.1～0.24 m/min，一般认定为氧化带。在此基础上，在采空区深部架后 20～25 m 位置处设置立体隔离墙，立体隔离墙的渗透率分别为 0.7、0.5、0.3、0.1 时的采空区内气体漏风流场分布图如图 4-7 所示。

由图 4-7 可知：一定工作面参数条件下，在采空区深部布置不同渗透率参数的立体隔离墙后，对架后采空区“三带”分布规律影响较为显著。采空区深部遗煤氧化区被主动隔离，迫使采空区遗煤氧化带范围缩小并前移。渗透率越低，影响越明显，说明在采空区深部一定位置处通过高位钻孔灌注相应防灭火材料

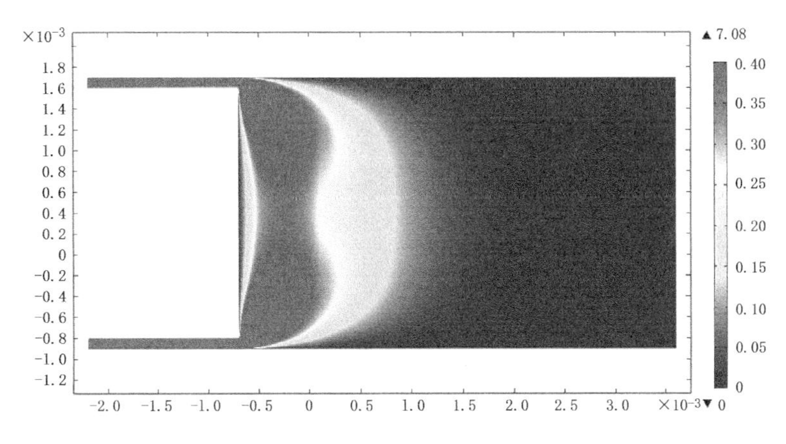

图 4-6　采空区内气体漏风流场分布图

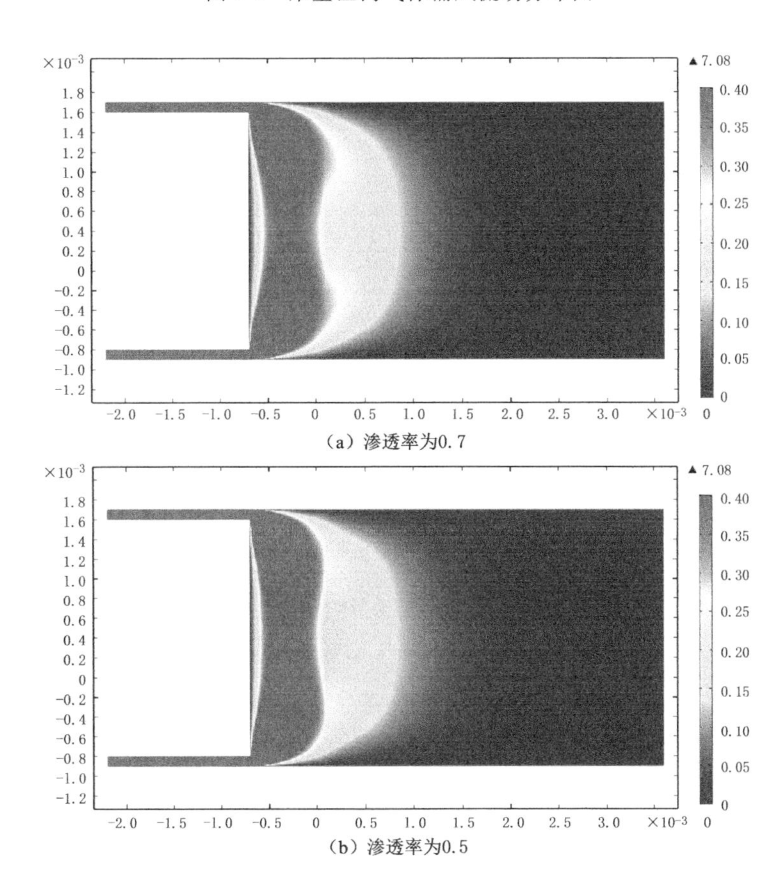

（a）渗透率为0.7

（b）渗透率为0.5

图 4-7　不同渗透率时的采空区内气体漏风流场分布图

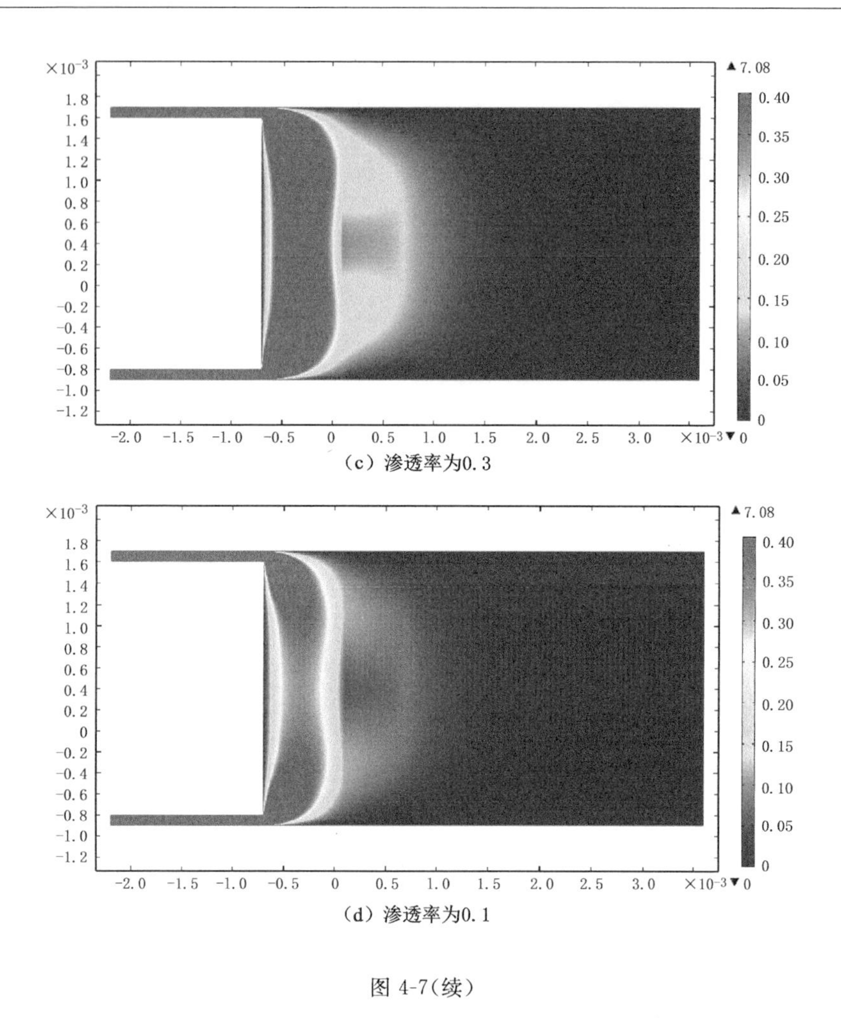

（c）渗透率为0.3

（d）渗透率为0.1

图 4-7(续)

形成立体隔离墙后，会封堵深部漏风通道，将采空区深部遗煤氧化区主动隔离，迫使采空区遗煤氧化带范围缩小并前移。

第5章　普瑞特Ⅱ型防灭火材料十超高水防灭火材料组合隔离技术

工作面停采回撤期间，工作面上、下隅角及采空区内存在大量漏风通道。由于工作面回撤期时间较长，采空区内覆岩体立体空间随时间变化，且回撤期间工作面风阻变化极不稳定，造成采空区遗煤漏风变化而供氧充分，给采空区停采回撤期间遗煤火灾防治带来较大困难。为阻断采空区漏风通道，需在工作面上、下隅角，两巷老塘未压实区及采空区漏风通道内灌注隔离材料，阻断漏风通道，隔绝氧气，在采空区内形成立体防治空间。综合分析现有防灭火材料和隔离材料性能及特点，结合采空区遗煤氧化所需漏风隔离材料性能要求，隔离材料的选择应基于火灾防治的性能和特点，即应具有良好的阻燃性、扩散性、凝结性、固结性、热稳定性、应用工艺简单等性能和特点。针对采空区深部漏风通道应用超高水材料隔离和浅部漏风通道应用普瑞特Ⅱ型防灭火材料隔离相结合的材料组合应用技术，充分发挥材料组合防灭火特性，配合使用从而实现对立体防治空间的充填与隔离，起到较好的应用效果。

5.1　普瑞特Ⅱ型防灭火材料隔离技术

5.1.1　普瑞特Ⅱ型防灭火材料技术特性

普瑞特Ⅱ型防灭火材料是一种新型双组分高分子材料，材料中存在发泡剂、固化剂和水，其固化时间可以根据固化剂的添加比例进行调节。该材料具有以下特点：

（1）常温发泡

普瑞特Ⅱ型防灭火材料采用物理发泡，发泡过程中不产生热量。普瑞特Ⅱ型防灭火材料原料由A料和B料组成，两种原料按照一定的比例混合，然后引入空气进行发泡。生成的普瑞特Ⅱ型防灭火材料中含有50%左右的水分，因此在整个混合发泡过程中不产生热量。图 5-1 为 A、B 组分和发泡后的温度对比图(测量时间为冬季)。由图 5-1 可以看出:无论是发泡前还是发泡后,温度都与环境温度相当。

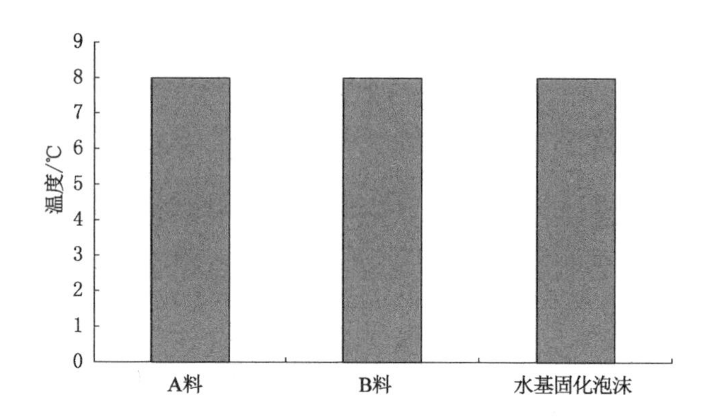

图 5-1　普瑞特Ⅱ型防灭火材料发泡前、后温度对比图

(2) 发泡倍数高

发泡倍数是指发泡后泡沫总体积与试验所用原料总体积之比,其计算公式如下:

$$N = \frac{V_p}{V_A + V_B} \tag{5-1}$$

式中　N——发泡倍数;

V_A——所用原料 A 的体积,mL;

V_B——所用原料 B 的体积,mL;

V_p——生成泡沫的体积,cm^3。

在计算过程中可以将取液过程中记录的数据直接带入 V_A、V_B。V_p 采用排水法测量:在量筒中装入一定量的水,将固化泡沫完全浸入量筒中并读取体积,然后再读取取出固化泡沫后的体积,两者差值即生成的固化泡沫的体积。

实验室分别选取 11 组样品,按照不同比例进行试验,并记录试验结果,然后根据公式计算所得发泡倍数等,见表 5-1。

表 5-1　普瑞特Ⅱ型防灭火材料发泡性能试验数据

序号	V_A ∶ V_B	发泡倍数	初始固化时间/s	最终硬化时间/min	失水量/g	保水率/%
1	1∶0.2	8.5	649	45	0.38	99.81
2	1∶0.25	9.75	506	46	2.8	98.6
3	1∶0.33	10.63	365	48	2.24	98.88
4	1∶0.5	11.75	174	49	1.42	99.29
5	1∶0.67	11.13	140	50	4.34	97.83
6	1∶1	10.25	285	50	14.7	92.65
7	1∶1.5	9.38	345	49	36.32	81.84
8	1∶2	8.5	285	48	38.67	80.67
9	1∶3	7.13	225	（不硬化）	27.11	86.45
10	1∶4	6.38	165	（不硬化）	15.34	92.33
11	1∶5	6	（几乎不固化）	（不硬化）	20.53	89.74

由表 5-1 可以看出：当 V_A ∶ V_B＝1∶0.5 时，发泡倍数最高，为 11.75 倍。根据上述结果得出不同 V_A＝V_B 时的发泡倍数变化曲线，如图 5-2 所示。

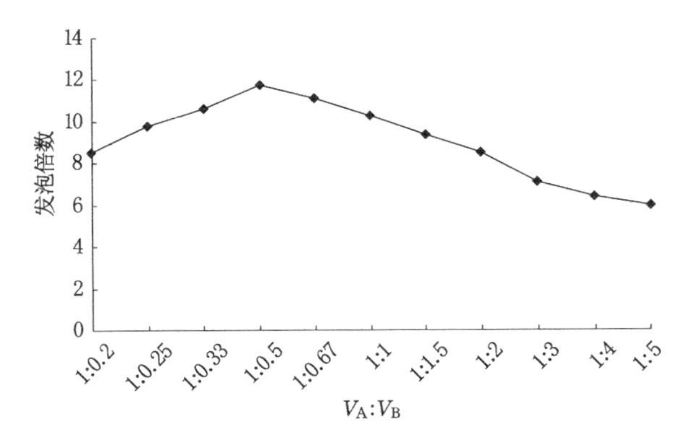

图 5-2　不同 V_A ∶ V_B 时的发泡倍数变化曲线

由图 5-2 可以看出：当增加 B 料时，发泡倍数先增大，当 V_A ∶ V_B＝1∶0.5 时，发泡倍数达到最大(11.75)，随后逐渐降低。因此在发泡性能方面，V_A ∶ V_B＝1∶0.5 时最好。

(3) 保水率高

在两种普瑞特Ⅱ型防灭火材料混合发泡过程中包含 50%左右的水分，如图 5-3 所示，从 9 号和 10 号杯中可以明显看出发泡后有水溢出。

图 5-3　9 号、10 号试验实物图

试验过程中,通过测量溢出的水分体积得到不同体积比时发泡过程中的失水量,然后根据失水量计算得出不同体积比时发泡后普瑞特Ⅱ型防灭火材料的保水率。由表 5-1 得到不同 $V_A:V_B$ 时的保水率曲线,如图 5-4 所示。

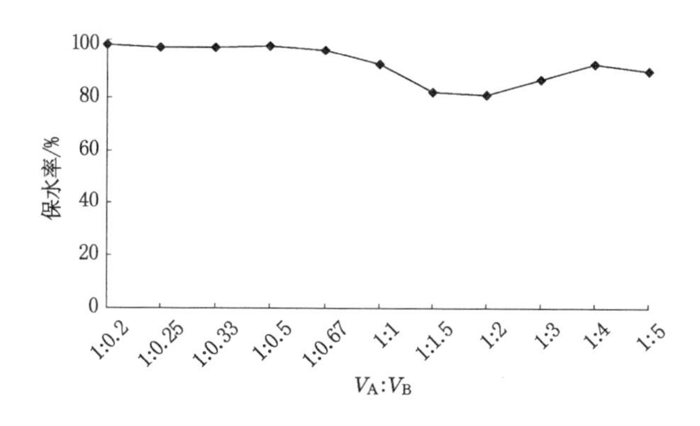

图 5-4　不同 $V_A:V_B$ 时的保水率曲线

由图 5-4 可以看出:无论如何调整 $V_A:V_B$,保水率都在 80%以上,最高达到 99.81%。当 $V_A:V_B=1:0.5$ 时,保水率高达 99.29%。参照发泡效果可以得出 $V_A:V_B=1:0.5$ 时普瑞特Ⅱ型防灭火材料的综合性能最好。

由于固化泡沫生成过程中包含 50%左右的水分,具有天然的抗静电性能,而且不燃烧也不助燃,是阻燃的最高级别。

(4) 渗透性强且固化后体积收缩量小

普瑞特Ⅱ型防灭火材料在固化前具有很好的流动性,可以渗透到周围所有裂隙内,具有很好的封堵效果。由图 5-5 可以看出:在装有石子的容器内灌注普瑞特Ⅱ型防灭火材料后，石子间的裂隙被固化泡沫充满。

(a) 灌注前

(b) 灌注后

图 5-5　装有石子的容器灌注普瑞特Ⅱ型防灭火材料前、后对比图

普瑞特Ⅱ型防灭火材料硬化后，因为水分流失，体积略微收缩，但是收缩量很小，体积的收缩量与水的流失量成正比。

5.1.2　普瑞特Ⅱ型防灭火材料防灭火机理

普瑞特Ⅱ型防灭火材料由于具有高倍数发泡性能和良好的渗透性能，在防灭火区域大范围扩散，所到之处固化泡沫均能充填浮煤裂隙，因此能够很好地封堵漏风，高效率封堵漏风供氧通道。同时普瑞特Ⅱ型防灭火材料本身含有50%左右的水分，具有优越的保水性能，不燃烧也不助燃，对高温煤体起到良好的吸热降温、湿润冷却效果，从而起到减缓或抑制煤炭氧化的作用。

普瑞特Ⅱ型防灭火材料的防灭火性能如下：

(1) 防复燃性能

由于普瑞特Ⅱ型防灭火材料含有 50%的水分，因此其具有很好的防灭火性能。普瑞特Ⅱ型防灭火材料防灭火试验现场如图 5-6 所示，普瑞特Ⅱ型防灭火材料防灭火时温度变化曲线如图 5-7 所示。

(2) 封堵漏风性能

普瑞特Ⅱ型防灭火材料与三相泡沫相比，其扩散范围更大，泡沫强度更高，具有很好的封堵漏风性能。

本书采用负压抽采方法，测量普瑞特Ⅱ型防灭火材料的封堵性能，具体

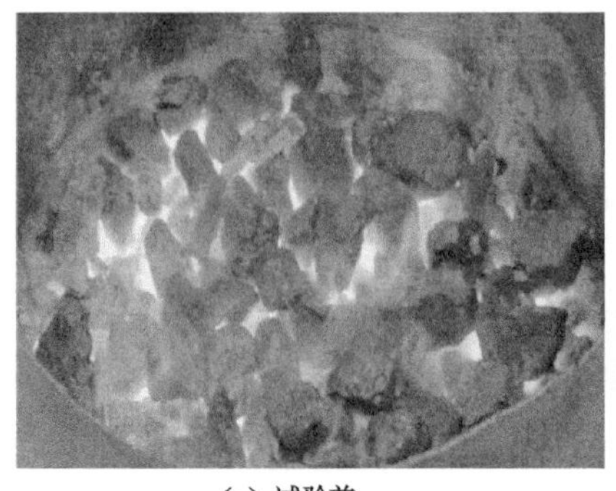

(a) 试验前

(b) 试验中(将浆料注入容器)

(c) 试验中(浆料刚注满容器)

(d) 试验后(注浆停止30 min后)

图 5-6　普瑞特Ⅱ型防灭火材料防灭火试验

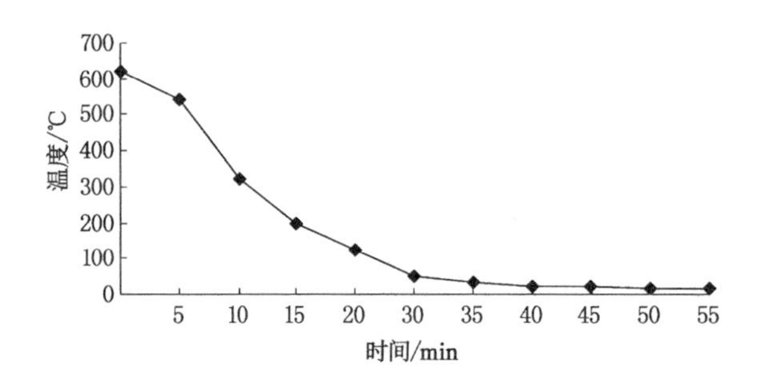

图 5-7　普瑞特Ⅱ型防灭火材料防灭火时温度变化曲线

的试验方法为:在钢化玻璃缸下部放一个支架,在支架上方铺上编织袋,然后在编织袋中倒入高约 0.5 m 的石子。试验时将普瑞特Ⅱ型防灭火材料装置的“枪头”插入石子中部,然后沿石子中部将普瑞特Ⅱ型防灭火材料灌注到容器内。待普瑞特Ⅱ型防灭火材料固化后,采用负压泵在容器下部的密闭空间中抽气，观察负压变化情况，测试其封堵效果。试验装置示意图和试验现场分别如图 5-8 和图 5-9 所示。

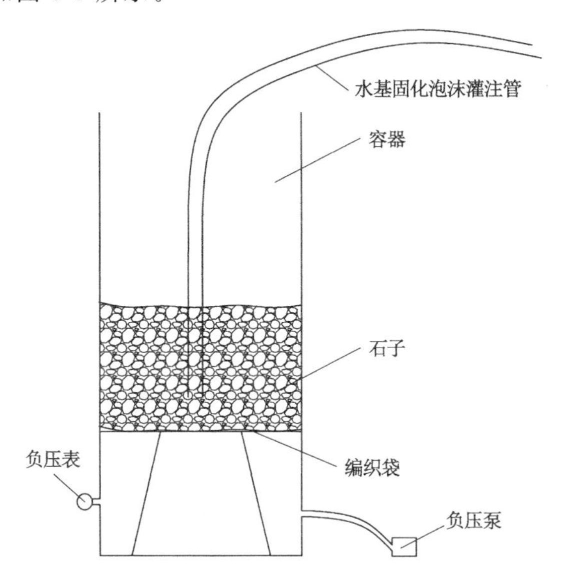

图 5-8　水基固化封堵性能试验装置示意图

(a)　(b)

图 5-9　普瑞特Ⅱ型防灭火材料封堵性能试验现场

通过实施上述试验，记录了容器底部压力数值，其变化曲线如图 5-10 所示。由图 5-10 可以看出：当抽气时间约为 25 min 时，容器底部空间内压力接近 －0.07 MPa，停止抽气后压力增加很慢，停止抽气 1 h 后压力仍然在 －0.04 MPa 左右。由该曲线可知普瑞特Ⅱ型防灭火材料的密封性能很好，因此其具有很好的封堵漏风性能。

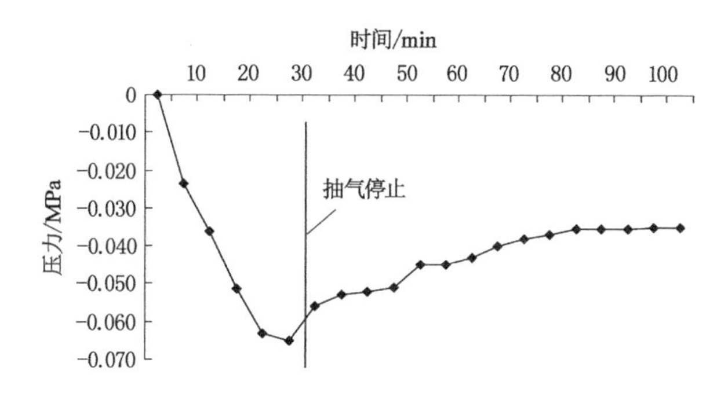

图 5-10　普瑞特Ⅱ型防灭火材料封堵漏风性能试验容器底部压力

5.1.3　普瑞特Ⅱ型防灭火材料应用工艺

井下灌注时采用小型双液注浆泵将普瑞特Ⅱ型防灭火材料 A、B 压风混合，由压缩空气吹击产生泡沫，通过注浆管注入工作面上、下隅角或架后浅部漏风空间内，或者直接喷涂于支架尾梁浮煤表面及架间孔隙内，封堵漏风通道。其应用工艺流程图如图 5-11 所示，工作面上、下隅角封堵示意图如图 5-12 所示，架后孔洞充填封堵图如图 5-13 所示，支架尾梁浮煤表面及架间孔隙封堵效果图如图 5-14 所示。

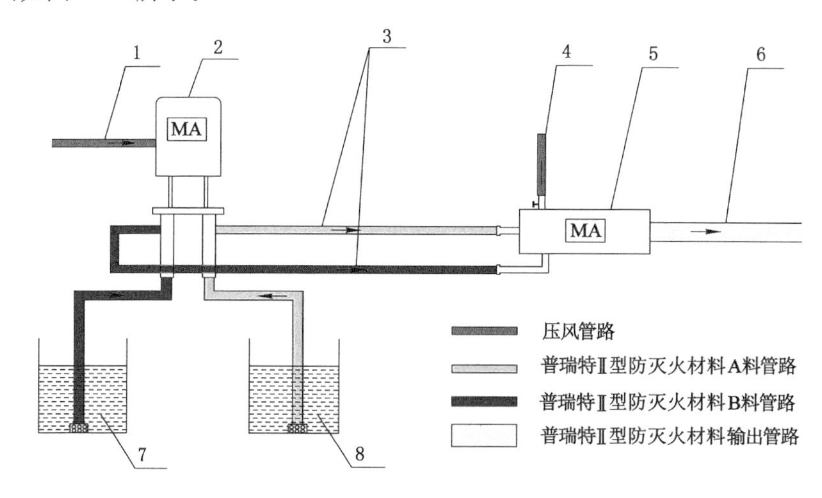

1—矿用压风管路；2—气动双液注浆泵；3—普瑞特Ⅱ型防灭火材料原料输送管；

4—发泡装置压风管；5—发泡装置；6—固化泡沫输出管；

7—普瑞特Ⅱ型防灭火材料 B 料；8—普瑞特Ⅱ型防灭火材料 A 料。

图 5-11　普瑞特Ⅱ型防灭火材料应用工艺流程图

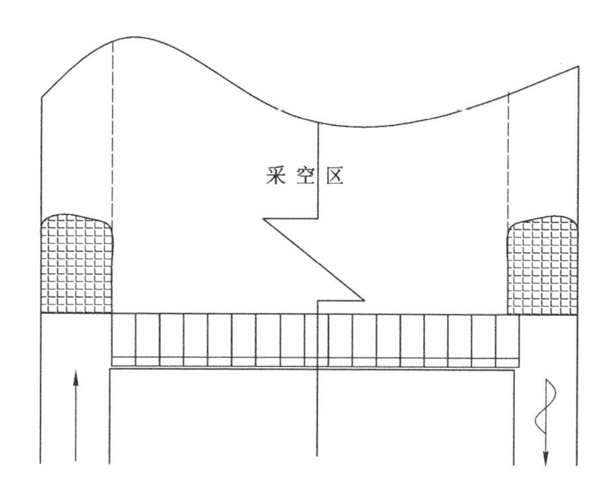

图5-12　工作面上、下隅角封堵示意图

图5-13　架后孔洞充填封堵图

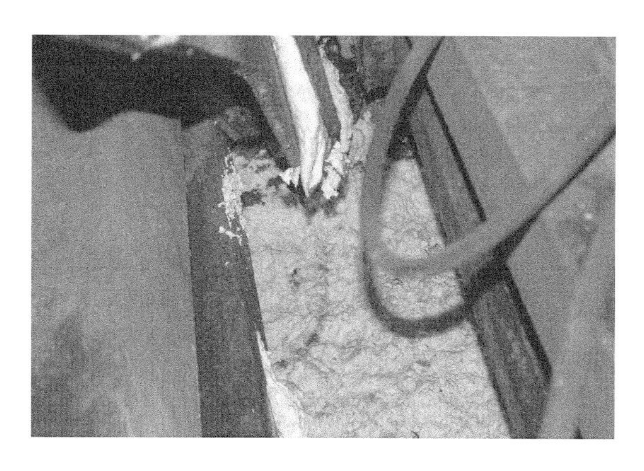

图5-14　支架尾梁浮煤表面及架间孔隙封堵效果图

5.2 超高水材料隔离技术

5.2.1 超高水材料技术特性

超高水材料最初应用于采空区充填，随着超高水材料的应用范围不断扩大，矿井火灾防治又有了新的技术。超高水材料是以 A、B 料作为骨料，并辅以复合缓凝剂和复合速凝剂，通常呈面粉状。缓凝剂主要依靠羟基实现缓凝作用，速凝剂是一种复合型材料(AF726)，起到速凝早强作用。

矿井生产对防灭火材料提出了一些基本要求：

① 材料绿色化，对矿井设备以及井下工作人员无毒无害；

② 降温效果显著，能够有效扑灭火灾；

③ 材料渗透性强，能渗透到深部火点，完全包裹煤体，隔绝氧气；

④ 具有一定的耐火性能；

⑤ 制备工艺简单，成本低廉。

超高水材料作为一种新型防灭火材料，不仅满足以上基本要求，还具有以下特性。

(1) 高结晶水特性

超高水材料含水量最高可达 95%～98%。超高水材料形成机理是形成尽可能多的钙矾石($3CaO \cdot Al_2O_3 \cdot 3CaSO_4 \cdot 32H_2O$)(图 5-15、图 5-16)。

采用超高水注浆材料进行防灭火时，初期主要依靠其自身超高含量的水：一方面，水的比热容大，吸热量大，降温显著(1 m^3 的水变成水蒸气可以从周围吸收 2 270.8 kJ 热量)；另一方面，水灭火速度快。与此同时，材料超高含水量也降低了防灭火材料的成本，使超高水材料得到广泛应用。

(2) 凝结时间可调特性

矿井防灭火材料对凝结时间有一定要求。一般情况下，对于高位火源和封堵漏风通道要求浆液能够尽快凝结，而一般浮煤自燃和封闭式大型火灾，要求凝结时间较低，快速灭火的同时降低防灭火成本。超高水材料具有快速凝结和高强度的特点。

还可以通过原料的复配自主调节凝结时间。

① 水体积百分比对凝结时间的影响。

水体积百分比是影响凝结时间的主要因素。采用单因素分析法，当外添加

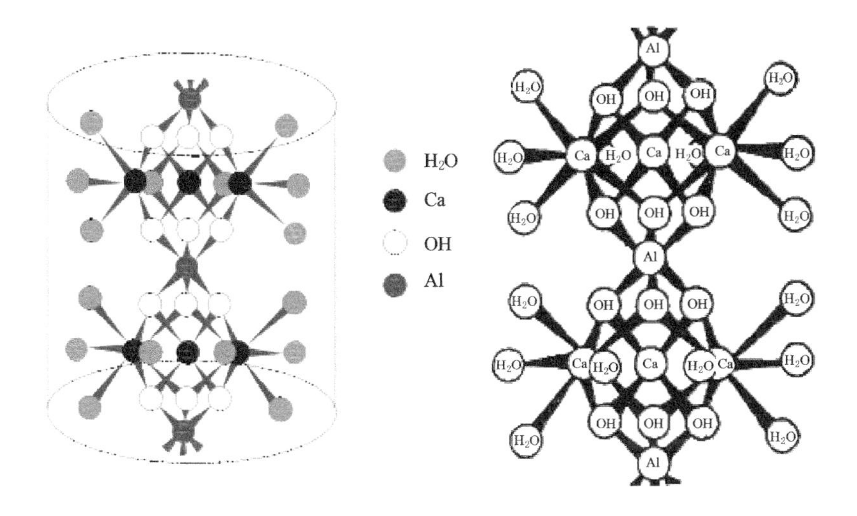

图 5-15　钙矾石的晶状结构

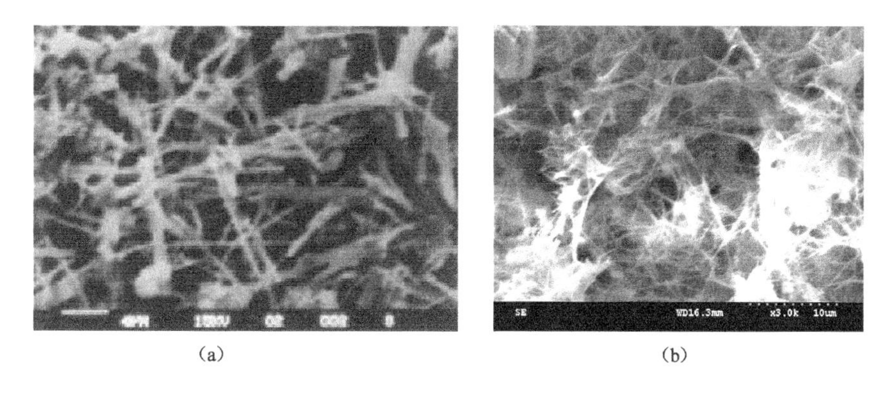

(a)　　　　　　　　　　　　(b)

图 5-16　钙矾石内部的针状、网状结构

剂和 A、B 主料添加剂添加量固定时，随着水体积百分比的增大，凝结时间也随之增加，当水体积百分比为 91％时，凝结时间为 5 min，而当水体积百分比为 97％时，凝结时间为 19 min，都在 20 min 以内，符合防灭火凝结时间要求。图 5-17 为同一批次超高水材料在外添加剂（复合缓凝剂以及复合速凝剂）分别为 6％与 4％和水体积百分比分别为 91％、92％、93％、94％、95％、96％、97％时的凝结时间，可以看出不同水体积百分比时凝结时间变化明显。

② 复合添加剂对凝结时间的影响。

复合添加剂包括速凝剂和缓凝分散剂。速凝剂是一种复合材料，主要功能

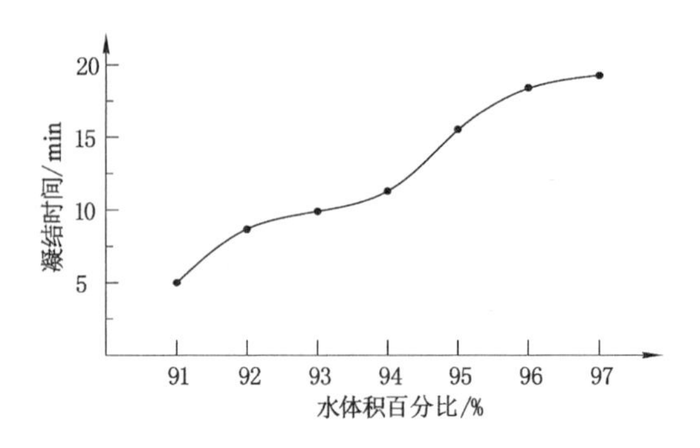

图 5-17　不同水体积百分比时的凝结时间

是提高材料凝结活性和快凝结速度;缓凝分散剂通过增大水泥粒子的动电电位,在水泥表面形成稳定有序的分子链,极大地阻化了水化。速凝剂在加速材料凝结过程中发挥着重要作用,随着速凝剂质量百分比的增大,凝结时间也不断缩短(缓凝剂掺量为 6%),具体情况见表 5-2。随着缓凝剂的含量增加(速凝剂掺量为 4%),凝结时间不断增加,20 h 以后凝结时间基本趋于稳定,见表 5-3。

表 5-2　不同速凝剂掺量时的凝结时间　　单位:min

水、固体积比	速凝剂质量百分比/%				
	1.0	2.0	3.0	4.0	5.0
3 : 1	36	25	15	9	3
5 : 1	40	34	25	15	8
7 : 1	46	38	31	22	13
9 : 1	52	44	37	32	20
11 : 1	(不凝结,泌水)	(少量泌水)	60	48	32

表 5-3　不同缓凝剂掺量时的凝结时间　　单位:min

水、固体积比	缓凝剂质量百分比/%						
	1.0	2.0	3.0	4.0	5.0	6.0	8.0
5 : 1	750	1 235	1 587	1 810	2 025	2 160	2 216
7 : 1	840	1 260	1 680	1 870	2 120	2 340	2 380
9 : 1	830	1 290	1 710	1 950	2 150	2 340	2 435
11 : 1	880	1 334	1 780	1 980	2 180	2 362	2 412

(3) 渗透性强且固结体强度足够

① 渗透性强。

在矿井防灭火过程中，一般燃火煤体都是松散破碎的，内部存在大量孔隙和裂隙，这就要求防灭火材料具有较强的渗透性能。超高水材料水合物可近似看作牛顿流体，由达西定律渗透速率公式[式(5-2)]可知渗流速率与黏度呈反比，而超高水材料浆液黏度为 1.089 mPa・s，所以该浆液渗透性较普通浆液强，能渗透进入煤体内部微小毛细孔，随着流速降低浆液滞留在裂隙内部形成凝结体，隔绝氧气。

渗透速率公式为：

$$V=-\frac{K_f}{\mu'}\nabla P \tag{5-2}$$

式中　μ'——黏度，水体积百分比为 97%的超高水材料黏度为 1.089 mPa・s；

∇P——压力梯度。

② 固结体强度足够。

超高水材料最初就是面向采空区而被研发出来的，随着超高水材料的应用范围不断扩大，矿井火灾防治又有了新的技术。水体积百分比不同，固结体的单轴抗压强度显著不同。固结体单轴抗压强度试验如图 5-18 所示。

图 5-18　固结体单轴抗压强度试验

图 5-19 为不同水体积百分比时的固结体抗压强度，可以看出：养护 2 h、4 h、6 h、8 h、1 d、2 d、3 d、7 d 时的抗压强度分别为最终强度的 1.9%～23%、3%～27%、9%～31%、14%～35%、21%～42%、30%～51%、37%～61%和

65%～90%，养护7 d后强度增长缓慢，当水体积百分比为95%～97%时，固结体单轴抗压强度为0.66～1.5 MPa，完全满足防灭火强度要求。

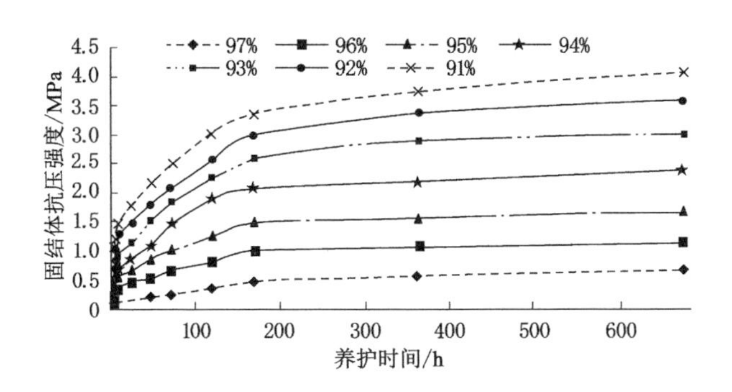

图5-19　不同水体积百分比时的固结体抗压强度

(4) 热稳定性

随着温度的升高，超高水材料出现失水现象，主要表现为：一方面，离浆现象高温时加剧。离浆主要是指网状、针状结构形成后，随着时间推移或者受其他因素的影响，这些结构之间的距离变小，从而使材料中的晶状结构收缩，一部分水分被挤压出来。另外，材料表面水分随着温度的升高而蒸发，但是这一失水过程是一个缓慢的过程。相关文献指出：100 ℃时钙矾石会依次失去24位配位水，260～400 ℃时会再次缓慢失去6H_2O。所以在400 ℃以内水分的蒸发会带走钙矾石内部大量热量，保证其结构稳定性。另外，超高水材料浆液的超大流量注入，可完全保证发火区域得到源源不断的浆液补给，快速降低火区温度，有助于保证钙矾石的热稳定性。

(5) 对煤体的湿润性以及惰化性

超高水材料与煤体接触后，能否完全湿润煤体表面完全取决于固-液体系自由焓是否降低。自由焓降低的程度影响煤体表面湿润的程度。当接触介质体系从气-固和液-气变为固-液时，自由焓变化量为：

$$\Delta G = \sigma_{液\text{-}固} - \sigma_{气\text{-}固} - \sigma_{液\text{-}气} \tag{5-3}$$

式中，σ为表面张力。

$\Delta G<0$是超高水浆液湿润煤体的条件。由式(5-3)可以看出表面张力是影响自由焓降低的关键因素。

由于具有超高的含水量，超高水材料在注浆过程中可以延伸至煤层深部。由于煤体对高分子材料分子的吸附能力大于对水分子的吸附能力，所以高分子材料可以很好地包裹煤体,在煤体表面形成紧密的隔离结构,从而起到惰化作用。

5.2.2 超高水材料防灭火机理

采用煤自燃理论分析可知:煤自燃过程是煤、氧复合作用放热和向周围环境散热的一个过程,只有在拥有良好的外部蓄热环境下,煤层氧化反应产生的热量高于采空区漏风风流带走的热量,经过长时间的升温过程,最终导致自燃。另外,煤自燃必须同时具备四个条件:充足的氧气、足够的温度、煤体自身结构、链反应,只要使其中一个条件得不到满足,就能阻止煤自燃。煤、氧复合作用和煤自燃条件为防灭火机理和防灭火技术的研究与应用指明了方向。

图5-20为超高水材料防灭火机理示意图。

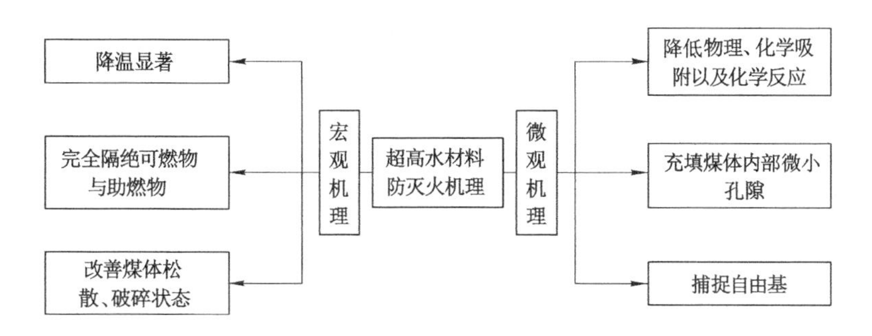

图5-20　超高水材料防灭火机理示意图

5.2.2.1 微观机理

由于超高水材料注入后能够阻碍煤、氧的物理吸附、化学吸附以及化学反应的发生和发展,同时能加速高温煤体的降温和散热速率,所以其表现出了良好的防灭火性能。

(1) 降低物理、化学吸附以及化学反应

煤与氧气接触后首先发生物理吸附,产生的作用力为范德瓦尔斯力,这种力作用比较弱,易受外界干扰。当超高水材料接触煤体后,在煤体表面形成一层薄膜,阻止煤、氧接触,同时浆液使煤体表面湿润,介质体系表面自由焓降低,减少煤体对于氧气的物理吸附。

化学吸附是一个可逆过程,随着温度的升高,化学吸附速率增大。由于超高水材料浆液中绝大部分是水,水的降温效果最好,浆液与高温煤体接触后吸收大量热量,同时高温煤体温度显著降低,从而降低煤体对氧气的化学吸附速率,减缓化学吸附进程。

超高水材料浆液与煤体表面都有较强的静电力,静电力的排斥作用阻止煤吸附氧气。同时,超高水材料浆液中含有大量的亲电介质,与煤体表面的活性中心结构形成 π 络合物和 σ 络合物,因此降低煤体活性中心的浓度,阻止化学吸附和化学反应。

(2) 充填煤体内部微小孔隙

煤是一种多孔介质,煤体内部的孔隙表面积远大于煤体外露表面积,因此这些孔隙对于煤、氧复合作用非常重要。这些孔隙可分为开放的孔隙和密闭的孔隙。开放的孔隙大多数分布于煤体表面,是流体流动的场所,散热效果好,不易引起煤体自燃;密闭的孔隙由于其内部结构不规则,孔隙间相互贯通,大多数位于煤体深部,当氧气进入煤体内部,由于通风不畅和散热效果差,易引起煤体自燃。

当超高水材料浆液注入高温煤体内,煤体浅部的浆液的流速快,能够全部浸湿煤体且包裹松散煤体颗粒,同时能渗透到煤体开放性孔隙内。随着浆液慢慢向煤体深部扩散,浆液的流速逐渐降低,主要依靠浆液的强渗透性进入煤体密闭孔隙。随着浆液黏结力逐渐增大并大于渗透力,浆液最终停留在煤体内部微小裂隙中。浆液在初凝后充填煤体内部微小孔隙,挤出孔隙内的气体,阻止煤与氧气接触。

(3) 捕捉自由基

煤自燃过程中存在自由基连锁反应。煤的表面存在一些自由基活性中心,当煤温升高时,其中一些自由基被激活,会带动周围活性中心,当活性中心浓度达到某一临界值时,氧化产生的热量剧变,煤温急剧升高,从而引起自燃。超高水材料中存在带电分子,可迅速捕捉自由基,从而降低煤体表面活性,切断自由基与官能团之间的链式反应,有效阻止煤体自燃。

5.2.2.2 宏观机理

(1) 吸热降温效果显著,有效控制火区温度。

将超高水注浆材料注入火区,由于火区温度较高,浆液迅速升温。浆液含水量较高,且水的比热容大,1 kg 的水变成水蒸气后可从周围吸收 2 270.8 kJ 的热量,降温效果显著。因此,向火区注入大量超高水浆液后,浆液汽化吸收大量的热量,使火区煤体温度降至着火点和临界反应温度以下,从而抑制采空区自然发火。

另外，没有采取注浆措施时火区内传递热量的介质主要是空气和松散煤体，注浆之后传递热量的介质是浆液和煤体，导热系数明显增大，煤体热量流失速率增大，煤温平衡点下降。

热平衡时，超高水材料浆液温度上升吸收的热量 Q 为：

$$Q = c_w m_w \Delta t + m_w \Delta h_w + c_G m_G \Delta t \tag{5-4}$$

式中　c_w——水的比热容；

c_G——超高水材料其他介质的比热容；

m_w——超高水材料中水的质量；

Δh_w——超高水材料中水的汽化焓；

m_G——超高水材料其他介质的质量。

注入超高水材料浆液前、后煤体导热系数分别为：

$$\gamma = \gamma_c (1 - n) + \gamma_G n \tag{5-5}$$

$$\gamma' = \gamma_c (1 - n) + \gamma_{超高水} n \tag{5-6}$$

由于气体的导热速率极低，因此注浆之前散热量很小。注浆之后，由于液体导热系数变化，散热量明显增大，散热速率大于产热速率，从而有效控制煤温。

(2) 使煤体和氧气相互分离，阻止煤层发生氧化反应。采空区煤体受冒落煤岩影响，通常碎裂堆积，孔隙和裂隙极为发育。浆液沿着裂隙进入采空区后材料分子汇集在煤体周围形成一层致密的保护层，起到惰化煤体的作用。同时凝固的浆液封堵采空区中的微小裂隙，达到堵漏的效果。

(3) 改善松散煤体破碎状态，降低煤层渗透率，起到防渗作用。浆液注入采空区自燃范围内时，由于浆液具有较强的渗透性，不仅可以充填煤体裂隙，还可以充填围岩裂隙，加固煤岩体。同时浆液凝固后具有 0.66～1.5 MPa 的抗压强度，注浆防灭火时，对围岩可以起到加固、控制作用，减少围岩和煤层裂隙数量，改善煤体松散破碎状态，提高煤体的完整性，根除煤体自燃条件。

5.2.2.3　防灭火过程

图 5-21 为氧化产热速率、散热速率随温度的变化曲线。由图 5-21 可知：散热系数一定时，散热速率曲线 Q_2 随着温度呈线性变化，为一组平行线，与温度坐标轴交点为环境温度 T_0，而氧化产热速率曲线 Q_1 随着温度呈下凹形指数曲线分布，主要是因为氧化作用高温状态下的变化速率大于低温状态下

的变化速率。

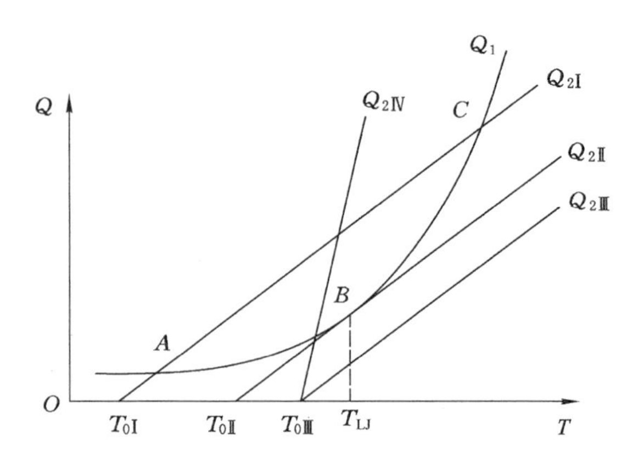

图 5-21　氧化产热速率与散热速率随温度的变化曲线

正常情况下，环境温度 $T_{0\mathrm{I}}$ 比较低，如图 5-21 中直线 $Q_{2\mathrm{I}}$ 所示，与氧化速率曲线有 A 和 C 两个交点，交点 A 是一个稳定状态。当煤温低于 A 点温度时，$v_{产热}>v_{散热}$，导致煤温升高，最终达到 A 点温度。当温度高于 A 点温度而小于 C 点温度时，散热曲线位于产热曲线之上，即 $v_{散热}>v_{产热}$，也将导致煤温下降至 A 点温度时，只有当煤温高于 C 点温度之后，$v_{散热}$ 一直小于 $v_{产热}$，煤温不断上升，最终煤体自燃。

当环境温度比较高时会出现图 5-21 中直线 $Q_{2\mathrm{II}}$，与产热速率曲线相切，可以看出：氧化产热速率一直高于散热速率，这样煤温不断升高，直至煤层自燃，而当出现直线 $Q_{2\mathrm{III}}$ 时，煤层自燃。

由以上分析可知：环境初始温度对于煤层自燃来讲十分重要。在采用超高水材料注浆防灭火过程中，由于该防灭火技术降温效果突出，当浆液进入发火区域后，发火煤体与浆液温差较大，导热系数显著增大，因此自燃煤体温度和周围环境温度急剧下降，散热直线向左移动（散热系数不变），A 点温度也随之降低，这样氧化速率逐渐降低至小于散热速率，待火区温度降低至 A 点温度以下，火源熄灭。

超高水材料灌注工艺系统包括制浆系统、输送混合系统和充填三部分。具体的灌注工艺系统如图 5-22 所示。

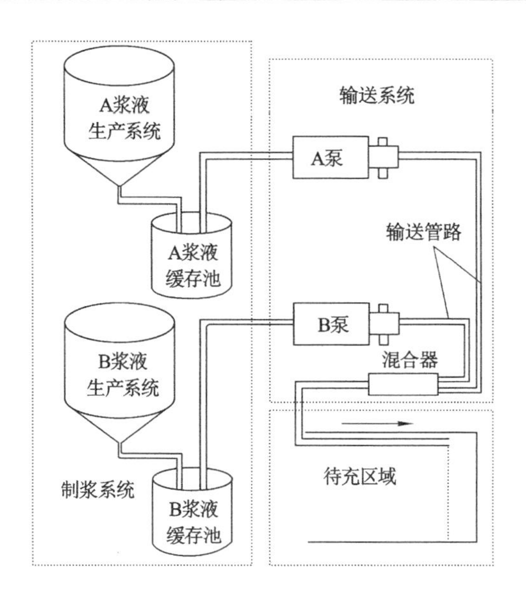

图 5-22　超高水材料灌注工艺系统

5.3　防灭火材料组合隔离技术

5.3.1　普瑞特Ⅱ型防灭火材料防灭火适用条件

基于火灾防治的普瑞特Ⅱ型防灭火材料具有良好的常温发泡性、高发泡倍数、高保水率、强渗透性、不燃烧及不助燃等优点，但是该材料凝结固化速率相对较快，且固化后快速与被充填空间中的煤岩体固结，导致单孔扩散半径相对较小，故普瑞特Ⅱ型防灭火材料适用于工作面上、下隅角，两巷老塘未压实区，高冒区，快速密闭墙，架后浅部孔隙等位置的防灭火隔离应用。

5.3.2　超高水材料防灭火适用条件

基于火灾防治的超高水材料具有高含水率、高渗透率、固结体抗压强度高、热稳定性强等优点，同时该材料凝结时间可根据使用要求调节，但是其初始凝结时间较长，浆液流动性较强，不能快速向高处堆积，使用量较大。故超高水材料适用于向采空区深部一定区域内大量灌注，吸热、降温、灭火的同时固结后形成稳定的隔离构造物。

5.3.3 组合材料防灭火特性

分析上述材料特性和防灭火适用条件可知:基于火灾防治的普瑞特Ⅱ型防灭火材料虽然具有优越的封堵性、阻燃性、防复燃性等优点,但是该材料固化速率可调性略差,固化速率相对较快,故该材料不适用于长距离钻孔灌注,容易导致钻孔堵塞,比较适用于架顶填充,架后浅部及上、下隅角位置灌注充填封堵漏风。基于火灾防治的超高水材料具有良好的渗透性、固化性、热稳定性等优点,同时该材料具有良好的流动性和凝结时间可调性,适用于采空区深部长距离灌注,且灌注覆盖范围较广,凝结固化后强度高,在采空区深部可形成较为稳定的隔离封堵墙。

工作面停采回撤期间,工作面上、下隅角及采空区内存在大量漏风通道,由于工作面回撤期较长,且回撤期间工作面风阻变化极不稳定,采空区三维立体空间随时间变化,易造成采空区遗煤漏风供氧充分,使采空区停采回撤期间遗煤火灾防治较困难。为有效封堵隐患漏风通道,应组合应用材料,充分发挥各材料的防灭火优点,基于四维防灭火治理理念,在将采空区遗煤治理范围缩小的前提下进行针对性立体控制,即远距离高位钻孔灌注超高水材料,在采空区深部形成立体隔离;灭火降温的同时封堵深部漏风通道,将采空区深部遗煤氧化区主动隔离,使采空区遗煤氧化带范围缩小并前移。在此基础上利用浅部钻孔灌注普瑞特Ⅱ型防灭火材料封堵浅部漏风通道,配合深部隔离形成立体控制区,充分发挥材料组合特性,获得较好的隔离效果。

第 6 章　基于时空演变规律的防灭火技术体系在复杂工作面回撤期间的应用

采煤工作面赋存地质条件复杂时，会给工作面回撤期间防灭火工作带来诸多困难。特别是深部矿井，采空区煤岩受应力影响较大，破碎情况更复杂，漏风量较大。大倾角工作面采空区防灭火材料不易向高位和深部扩散。超长工作面采空区氧化带较宽，工作面推进速度慢导致遗煤氧化加剧。工作面过断层、火成岩侵入区及旧硐室期间，采空区遗煤较多、范围较广，工作面推进速度减缓致使采空区遗煤氧化发火极为严重。通过对部分复杂条件下的综采（放）工作面回撤期间遇到的问题进行综合分析，制定了基于时空演变规律的相应的针对性防灭火技术方案，并进行工程实践。

6.1　深埋大倾角复合煤层综采工作面回撤期间防灭火技术体系的应用

6.1.1　工作面概况

9421 综采工作面的通风方式为下行通风，工作面最初的设计风量为 997 m^3/min，回撤期间调整为 500 m^3/min，在工作面生产及回撤期间建立了完善的注浆系统、注氮系统、注液态二氧化碳系统、注三相泡沫系统、注高水材料以及供水等防灭火系统。9421 综采工作面回采期间通风系统示意图和防灭火系统示意图如图 6-1 和图 6-2 所示。

6.1.2　工作面遗煤氧化经过及氧化原因分析

9421 综采工作面于 2013 年 11 月开始回采，工作面生产期间共采取了 4 次隔氧封闭防火措施。

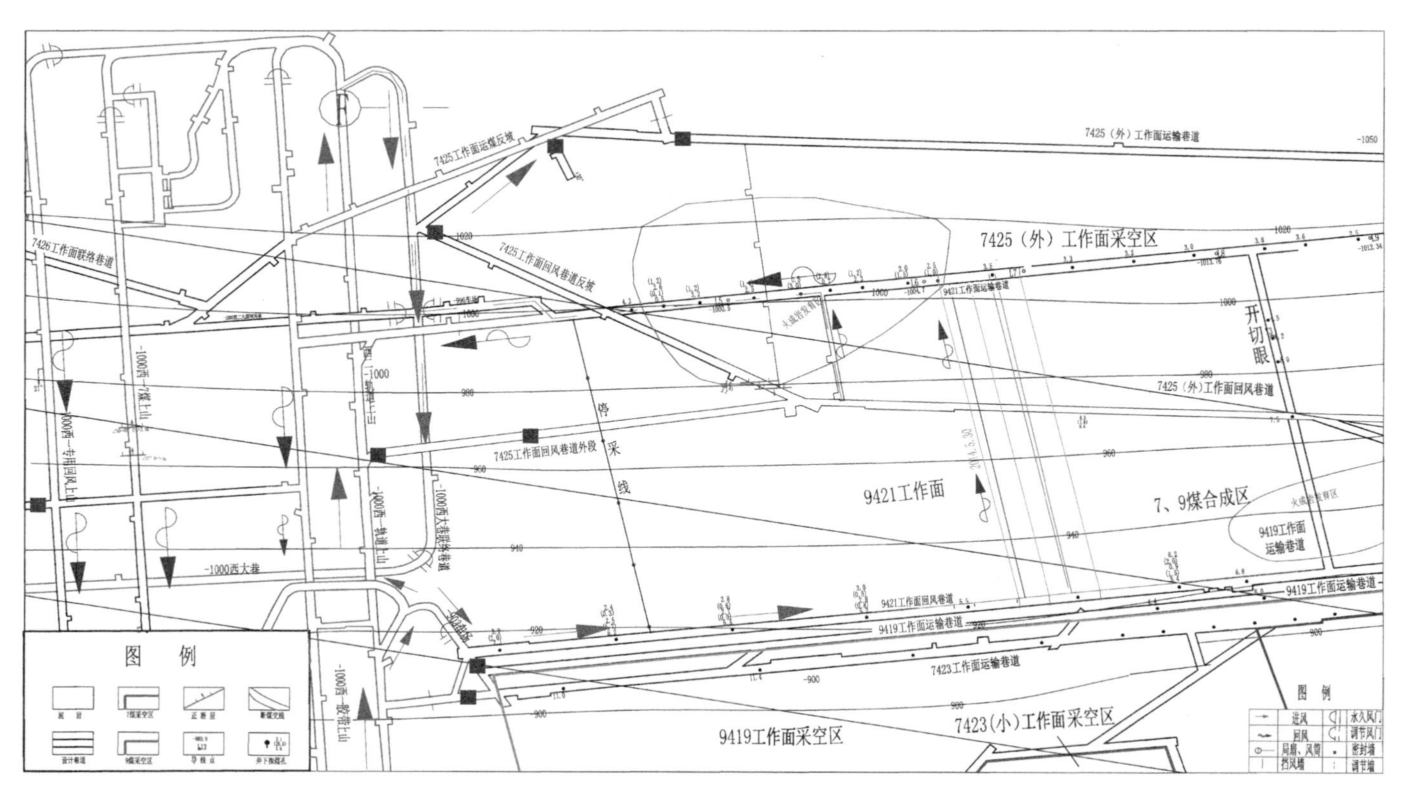

图6-1 9421综采工作面回采期间通风系统示意图

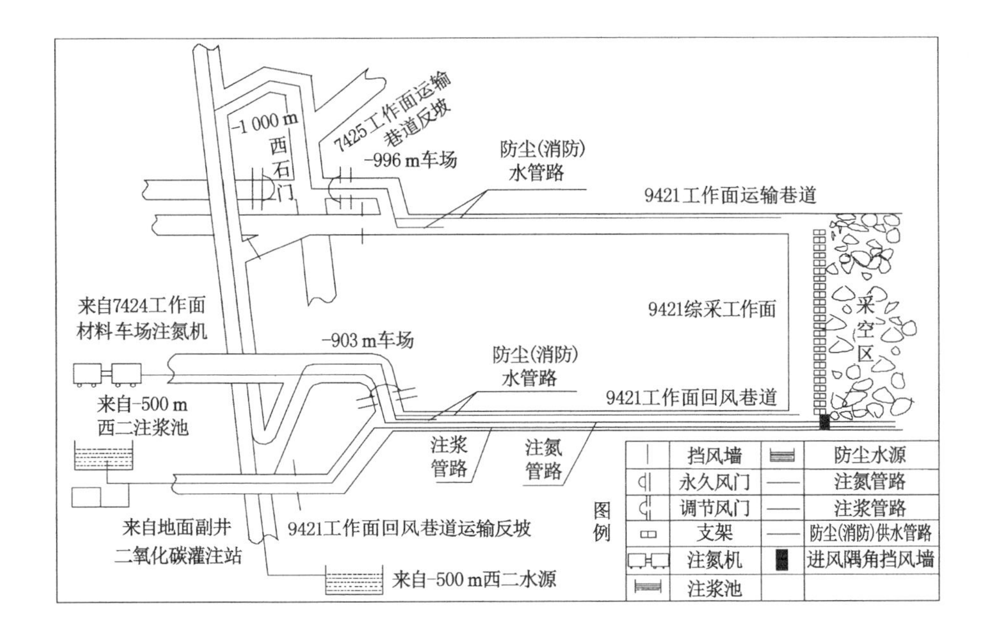

图 6-2　9421 综采工作面防灭火系统示意图

第一次：9421 综采工作面 2013 年 11、12 月推进度分别为 21 m、18 m，回采期间受合层区的影响，从 120 号架至工作面回风巷道大量遗煤进入采空区，采空区遗煤氧化加剧，回风巷道的 CO 浓度达到 24 ppm(1 ppm$=10^{-6}$)。虽然对采空区遗煤采取打钻压注防灭火材料，但是 CO 浓度上升速率较快。为了防止采空区煤炭自燃，危及工作面生产，决定向采空区注压液态二氧化碳，3 d 共计压注液态二氧化碳 198 t。采空区逐渐稳定，矿井恢复生产。

第二次：9421 综采工作面 2014 年 1 月至 4 月推进度分别为 17.4 m、86.6 m、49.9 m、20 m。2014 年 4 月，由于回采速度过慢，120 号至 126 号支架架后遗煤内一氧化碳浓度达到 720 ppm，2 d 内又压注液态二氧化碳 68 t，之后恢复生产。但隔氧封闭时间太短，氧化的遗煤惰化效果差。

第三次：9421 综采工作面受第二次的影响，工作面支架歪道，回采进度减慢，为预防采空区自然发火，2 d 内又压注液态二氧化碳 161 t。

第四次：由于之前 3 次的压注二氧化碳作业密闭，未能彻底消除采空区自燃隐患。为防止采空区自然发火影响工人生命安全，在 6 月中旬压注液态二氧化碳 117 t 后又密闭工作面 50 d。

工作面启封后，由于工作面顶板破碎，不具备安全生产条件，研究决定工作面准备回撤，10 月 22 日完成工作面扩刷工作。10 月 28 日工作面回风巷道 CO 浓度为 5 ppm。10 月 30 日工作面回风巷道 CO 浓度为 45 ppm、回风隅角为 45 ppm、114 号和 115 号架间为 140 ppm、113 号和 114 号架间为 180 ppm、110 号和 109 号架间为 220 ppm、108 号和 109 号架间为 380 ppm、79 号和 80 号架间为 800 ppm、69 号架后为 800 ppm、61 号和 62 号架间为 1 200 ppm、59 号和 55 号架间为 600～800 ppm，工作面 86 号支架向下及回风流有煤焦油味，部分区域煤层已进入氧化加速阶段。

氧化原因分析：

(1) 工作面煤层赋存不稳定，原准备采用放顶煤工艺回采，由于煤层中部有火成岩侵入，将煤层分为上、下两层，最终决定采用综采工艺，采空区遗煤多。

(2) 工作面上覆 7425 工作面采空区，工作面顶板与 7425 工作面底板间距较小，而 7425 回采期间采空区留有遗煤，7425 工作面采空区与 9421 工作面采空区随着顶板的冒落，采空区之间连通形成漏风通道。

(3) 工作面回采过断层期间，顶煤遗入采空区。工作面回采过 7、9 煤合成区边界线至 7425 工作面采空区之间的煤柱期间，该区域 7、9 煤之间夹矸厚，顶煤放不掉，遗入老塘。

(4) 工作面倾角大(局部达 38°)，煤岩受重力作用破坏程度变大，采空区漏风量增加。

(5) 工作面回撤速度过慢，采空区遗煤得以在进入窒息带之前温度升高至着火点。

(6) 工作面受相邻采空区影响，与相邻采空区间距太小，造成 2 个采空区之间通过裂隙连接，采空区漏风风险增大。

(7) 工作面倾斜长度达 201 m，由于缺乏经验和受大倾角、顶板、断层、大采深、地压等因素影响，工作面推进度和回撤速度较慢。

(8) 9421 工作面煤层及岩体原始温度达 41 ℃，采空区遗煤氧化起点温度高。

6.1.3 综合防灭火治理方案

鉴于采空区遗煤范围广，为实现安全回撤，防止采空区遗煤、架尾上方遗煤、火成岩上方遗煤和 7425 工作面采空区、回风巷道上帮煤柱自燃，研究制定了针对采空区和架尾遗煤氧化的综合防灭火治理方案。

(1) 停采扩棚时期动态均压防灭火技术

工作面停采前为满足生产期间排放粉尘需求，采煤工作面供风量约为1 000 m³/min。图6-3为停采初期工作面与采空区风流方向示意图。停采后，由于产尘量大大减少，对工作面风量进行调整以满足防灭火需求，在工作面回风巷道内布置调节风门，增大回风风阻，降低工作面通风量，从而降低采空区内部漏风量。停采初期将供风量调整到500 m³/min，能够满足工作面需求。在随后工作面增压过程中，风量还会相应减少，回撤期间一直维持在约450 m³/min，进、回风巷道的风压差降低，减少了采空区漏风。

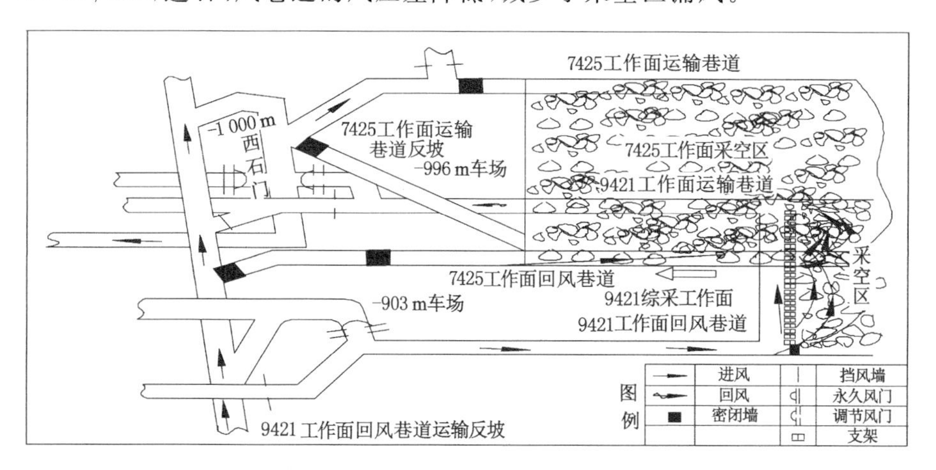

图6-3　停采初期工作面与采空区风流方向示意图

9421工作面停采时采空区与上部7425工作面采空区之间存在漏风通道，当工作面扩棚结束后工作面通风面积增大时，工作面风阻减小，从而导致两个工作面的压差增大，漏风量突然增大，采空区遗煤氧化产生的气体突然大量涌入工作面，回风巷道CO浓度迅速升高。

为了减少采空区漏风量，防止采空区自然发火产生有毒有害气体，需采取均压防灭火措施。在9421工作面回风巷道施工调节墙和安装局部通风机对采空区进行联合均压，具体布置如图6-4所示。实施后对工作面防灭火工作起到了很大作用。

(2) 撤架时期均压防灭火

如图6-5所示，当工作面回撤至32号架时，掩护支架尾部木垛坍塌，导致回风巷道CO浓度迅速升高至90 ppm以上。经分析，造成回风流CO浓度迅速升高的原因是开切眼内木垛坍塌，工作面在C处风阻瞬间增大，首先从上隅角向采空区的漏风量突然增加，其次下隅角AB段风压降低，则外部漏风两端的压差会突然

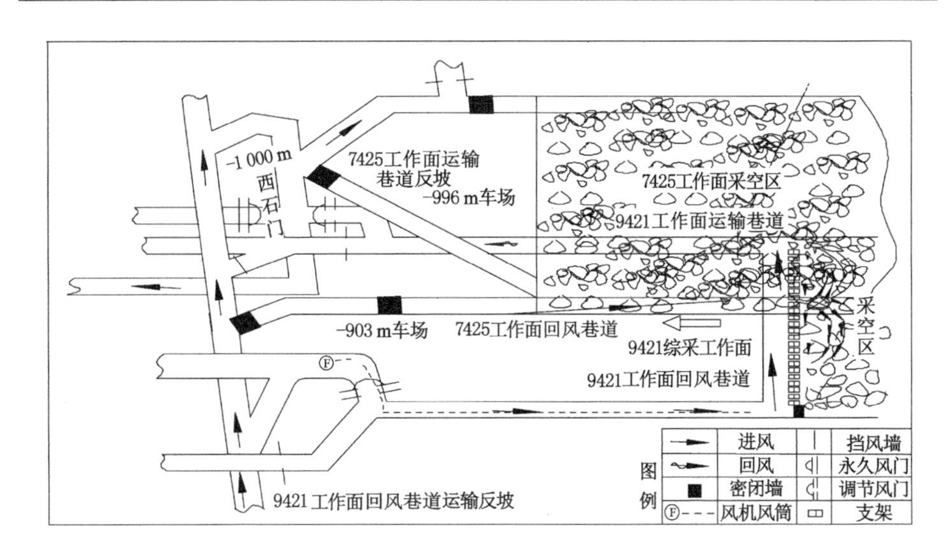

图 6-4　调节墙与通风机联合均压示意图

增大,因此从 7425 工作面采空区向 9421 工作面采空区的漏风量会瞬间增大,综合以上两个原因,采空区遗煤氧化产生的气体会迅速从下隅角被吹出,因此回风流 CO 浓度迅速升高。采空区漏风量增加,氧化带煤体氧化速率必然提高,最终导致采空区火情扩大。采取的主要措施有:① 疏通工作面坍塌封堵地段,重新打木垛,从而降低工作面风阻,增大工作面通风量;② 将回风巷道 *B* 处调节风门再一次调小,进一步增大回风流通风阻力,减小外部漏风两端压差。

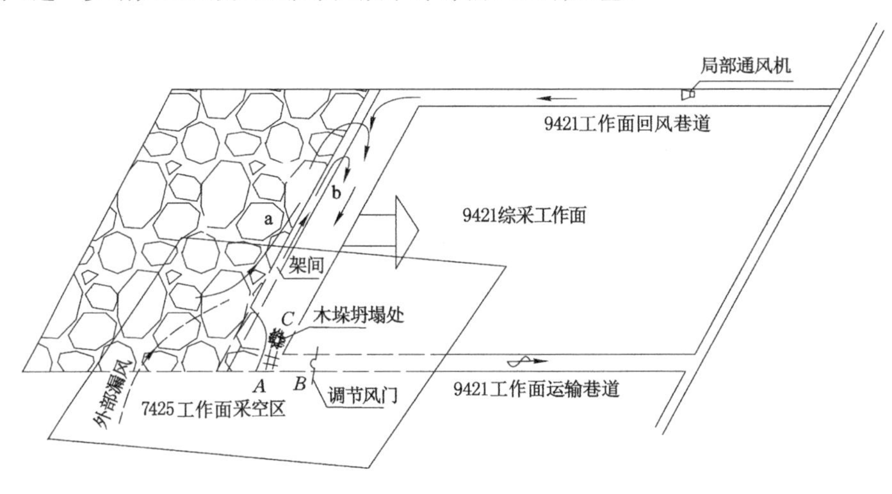

图 6-5　回撤初期工作面示意图

(3) 远距离高位长钻孔灌注超高水材料形成隔离带

在运输巷道掘进一条 60 m 的措施巷道，在巷道布置 2 个高位钻场，1 号钻场主要向 10 号—40 号架受落差 3 m 断层影响而造成采空区丢煤段打钻注超高水材料。2 号钻场主要对采空区钻孔注浆盲区补充钻孔。保留原 8 号钻场 14 个钻孔，对采空区 15 m 遗煤范围(60 号架向上)灌注超高水材料。施工第 9 号钻场，在钻场内施工高位注浆钻孔，对 60 号架向上采空区架后 5 m、10 m、15 m 位置打钻注入超高水材料，形成三重隔离，灭火降温的同时封堵深部漏风通道，将采空区深部遗煤氧化区主动隔离，迫使采空区遗煤氧化带范围缩小并前移。工作面架后三重隔离区域示意图如图 6-6 所示。

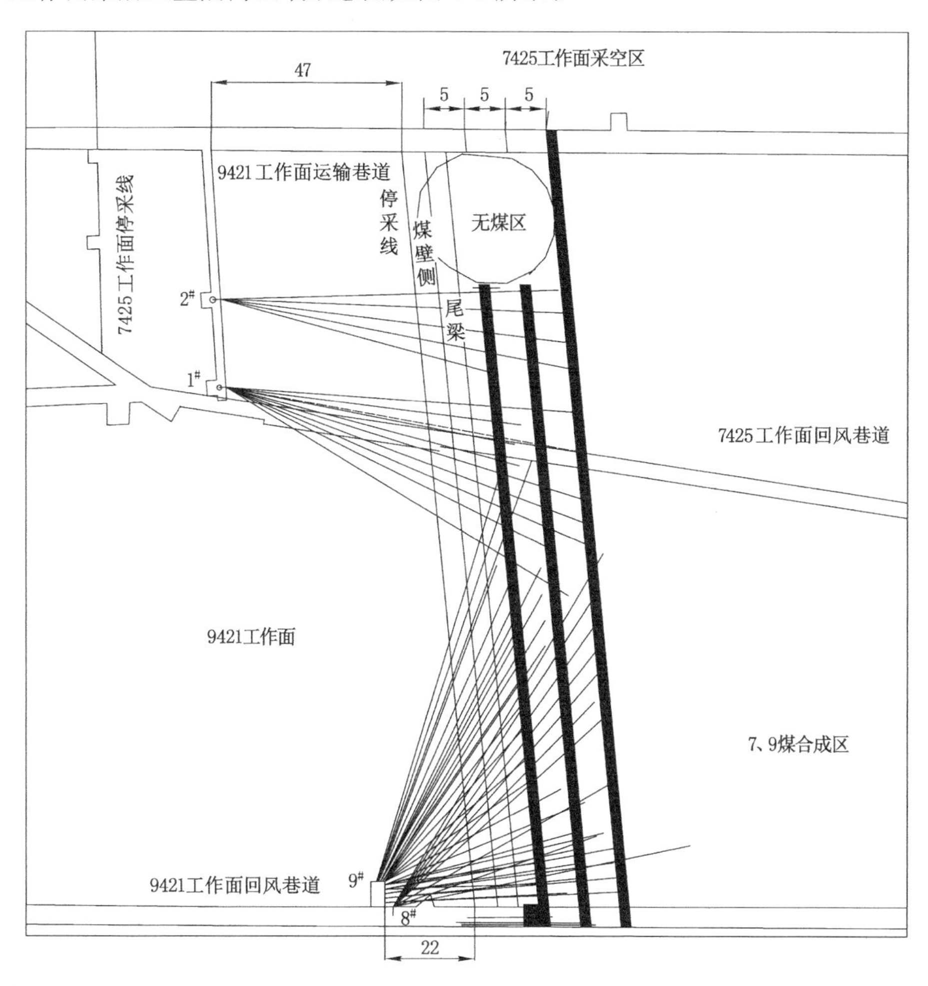

图 6-6　工作面架后三重隔离区域示意图(单位:m)

(4) 架间钻孔灌注普瑞特Ⅱ型防灭火材料

在缩小采空区遗煤氧化带范围的基础上,在工作面使用架柱式钻机,向30号—124号支架架后、架上顶煤打钻压注普瑞特新型防灭火材料,设计每4～6个架间布置1～2个钻孔,仰角为40°～60°,孔径为42～75 mm,孔深为10～15 m,全长下1～1.5寸套管(1寸＝3.33厘米,直径2寸一次成孔钻杆),使用锚索机打钻注水,并排查氧化点。30号—124号架间钻孔施工示意图如图6-7所示。

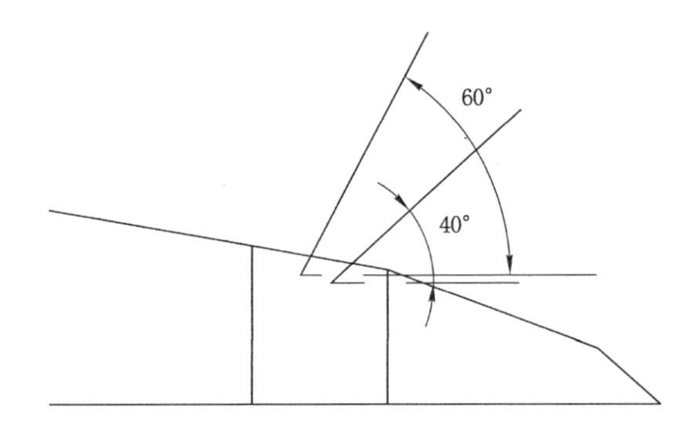

图6-7　30号—124号架间钻孔施工示意图

施工钻孔时,钻头打到7煤顶板时停止打钻。注浆管插入钻孔内不得少于10 m,封孔长度不得少于7 m。

(5) 普瑞特Ⅱ型防灭火材料隔离架后浅部漏风通道

9421工作面采用下行通风,并且工作面倾角较大,采空区自然发火后必然产生火风压,当火风压大于上隅角漏风风压时,采空区内就会引起风流紊乱。由于存在热风压,增加了工作面架间向采空区的漏风量,因此必须采取有效措施进行封堵架间漏风。在30号—124号支架架间及架前布置钻孔,孔深一般为5～10 m,通过架间钻孔向架后灌注固化较慢的普瑞特Ⅱ型防灭火材料和架间喷涂固化速率大的普瑞特Ⅱ型防灭火材料封堵工作面架间漏风通道,切断热风压供氧系统,从而抑制采空区煤体的氧化。9421工作面漏风和风流示意图如图6-8所示。

(6) 通过低位预埋管道向采空区灌注液态二氧化碳,对采空区升温遗煤区域进行降温惰化。

6.1.4　应用效果

封闭50多天之后,9421工作面解封并准备进行回采作业,由于防灭火措施

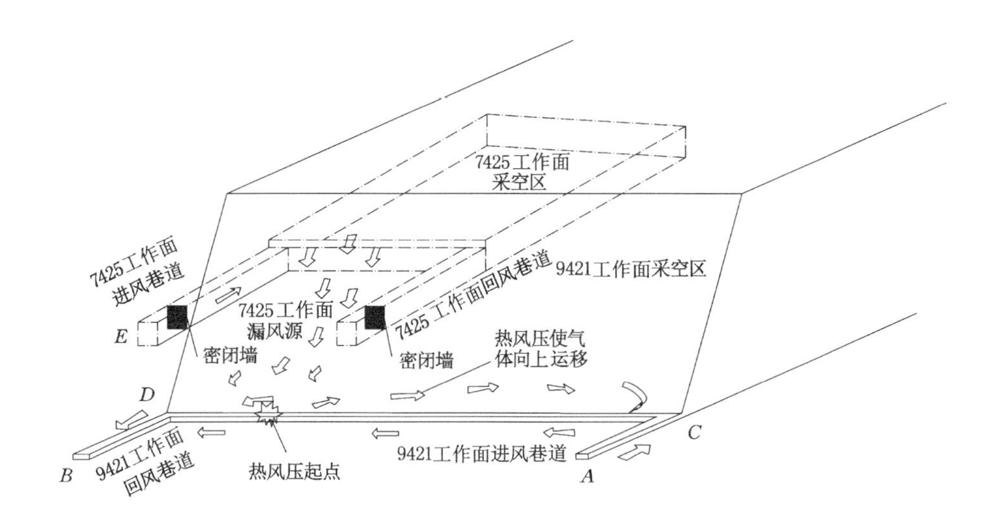

图 6-8　9421 工作面漏风及风流示意图

布置完善有效，工作面剩余回采期间两次二氧化碳浓度升高的情况都很快解决。基于不同阶段采取动态均压措施，有效地控制采空区的漏风情况，从而抑制自燃发生；采用压注超高水材料方法，在灭火降温的同时隔离深部漏风通道，将采空区深部遗煤氧化区主动隔离，迫使采空区遗煤氧化带范围缩小并前移；普瑞特Ⅱ型防灭火材料，既能在固化的过程中封堵采空区孔隙，减少采空区漏风量，还能在煤层表面形成致密保护层，阻止煤层和氧气接触，可以有效治理遗煤氧化自燃，剩余回采时间工作面回风巷道风流 CO 浓度变化如图 6-9 所示。

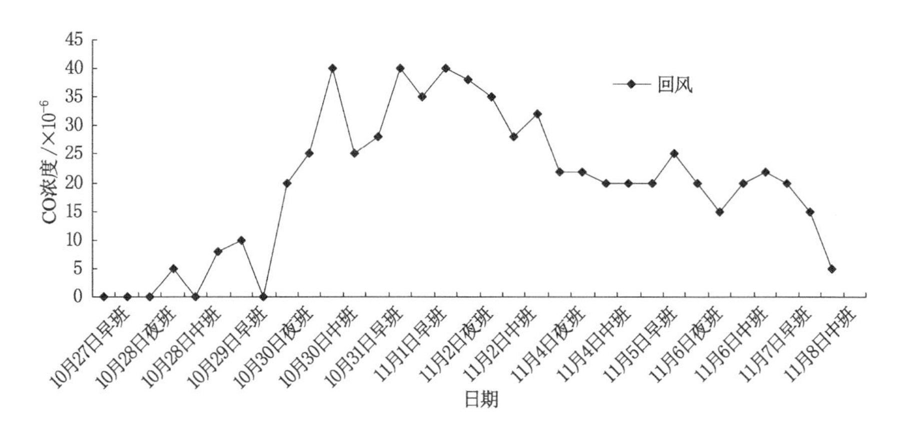

图 6-9　回风流 CO 浓度变化曲线

6.2 极易自燃厚煤层综放工作面回撤期间防灭火技术体系的应用

6.2.1 工作面回撤期间出现的问题

N104 工作面于 2015 年 4 月 3 日开始铺网上绳(图 6-10);4 月 12 日至 4 月 22 日扩刷大棚,期间工作面回风流中 CO 浓度稳定在 15 ppm 左右;4 月 23 日至 5 月 3 日工作面进行浮煤清理,拆除转载机、破碎机、煤机等拆除支架前期准备工作,准备期间工作面回风流中一氧化碳浓度缓慢升高至20 ppm 左右。5 月 4 日夜班工作面开始拆除第 1 架过渡支架,至 5 月 6 日夜班工作面下端 3 架过渡支架拆除完成,用时 3 天。在拆除工作面下端 3 架过渡支架过程中,工作面回风流中 CO 浓度升高较快,由 20 ppm 上升至 223 ppm,期间 35 号支架架后 CO 浓度最高为 2 100 ppm,65 号支架为 1 600 ppm,75 号支架为2 000 ppm,且 35 号支架架后出现淡淡蓝烟,工作面面临封闭危险。5 月 3 日至 5 月 6 日工作面回风流 CO 浓度变化曲线如图 6-11 所示。

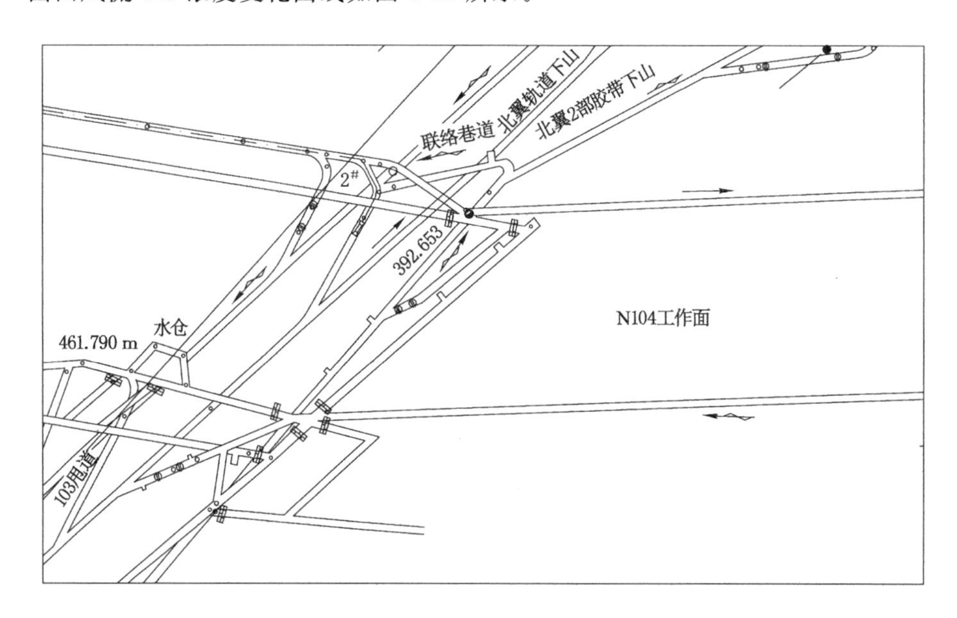

图 6-10 N104 工作面布置图

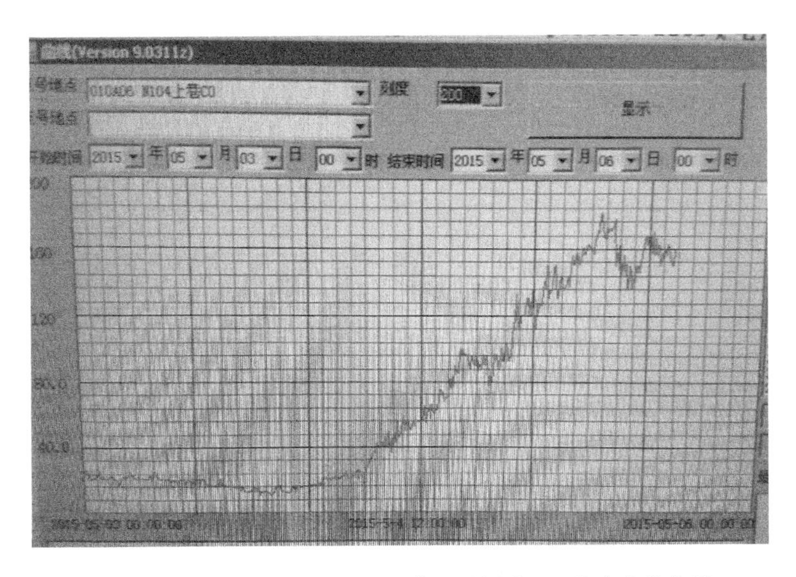

图 6-11　5 月 3 日至 5 月 6 日工作面回风流 CO 浓度变化曲线

6.2.2　煤层氧化原因及氧化区域分析

6.2.2.1　煤层氧化原因分析

(1) N104 工作面 2 月推进 35 m，3 月推进 42 m，推进距离均小于 60 m，推进速度较慢。

(2) 距停采线 30 m 时工作面架后遗煤没有放净，采空区留有大量遗煤。

(3) 当工作面回推采至停采线附近时架后 11 m 左右未放顶煤，致使架后采空区停采线附近留有大量遗煤。

(4) 下出口巷道顶板支护质量较差，破碎较为严重，下出口断面小，大量漏风风流经下巷隅角破碎顶板裂隙进入采空区，扩大了采空区遗煤氧化范围。

(5) 经煤氧化动力学测试，煤层最短自然发火期只有 12 天，工作面 4 月 3 日铺网上绳，5 月 3 日开始回撤支架，回撤准备周期为 1 个月，大大超过了煤层最短自然发火期，致使采空区遗煤氧化升温加剧。

(6) 工作面回撤期间仍采用上行通风系统，工作面下部过渡支架回撤后，架顶煤体垮落，造成工作面下部通风风阻增大，大量风流经工作面下部煤体垮落空间进入采空区，使采空区遗煤氧化加剧。

(7) 工作面停采前所采取的预防性防灭火措施，虽然起到了一定的防灭火作用,但防灭火材料覆盖范围较小,架间插管注水也对防灭火材料起到了一定的不良影响。

6.2.2.2 煤层氧化区域分析

根据回撤初期35号支架架后CO浓度最高为2 100 ppm,65号支架架后为1 600 ppm,75号支架架后为2 000 ppm,且35号支架架后出现淡淡蓝烟,结合工作面其他测点气体分析数据,初步推断工作面内25号—40号支架、51号—76号支架架后采空区遗煤氧化加剧,其中25号—40号支架架后采空区为重点防灭火区域。

6.2.3 综合防灭火治理方案

(1) 停采扩帮期间设阻升压均压防灭火

N104工作面停采扩帮期间,在上巷回风顺槽内打设调节风门增大回风风阻,在下巷进风顺槽内布置2台辅助通风机,一用一备辅助供风,提高工作面风压。采取以上均压措施后,工作面风量降低至500 m^3/min,定时在工作面进行风量监测,安排人员对N104工作面相关区域通风设施进行检查和维修,保证通风系统安全、可靠运转。

(2) 继续通过下巷预埋管道向采空区24 h灌注氮气,降低采空区氧气含量。注氮机产生的氮气利用气相色谱仪取样分析,确保氮气浓度高于97%,井下每班瓦斯员利用注氮管道三通阀门检查氮气中氧气含量,确保不高于3%。

(3) 在工作面上、下隅角共建造两面双层袋子封堵墙,施工前必须在上、下隅角洒水降温,湿润煤体。施工时袋子错茬垒砌,袋子必须和帮靠紧,墙内预埋一次性钢管,通过钢管充填普瑞特Ⅱ型防灭火材料。墙体施工完成后,在墙体四周必须用袋子堵严,墙体及周边使用黄泥抹面和勾缝,保证上、下隅角封堵效果。

(4) 施打高位长钻孔向采空区深部灌注超高水材料形成隔离带。

在下顺槽外段距停采线15 m煤壁侧布置深度6 m、宽度5 m、高度2.5 m的钻场。向工作面下部40架支架以下采空区使用K4钻机施打高位钻孔,每3架1个孔,钻孔终孔位于煤层顶板,架后15～20 m位置,迎头下4根花管,施工完成后通过钻孔灌注超高水材料。在上顺槽外段距停采线15 m煤壁侧布置深度3 m、宽度5 m、高度2.8 m的钻场,向工作面上部41号—84号架架后采空区施打钻孔。钻孔终孔位于架后15～20 m位置,煤层顶板向上8 m,迎头下4根花管。工作面回撤期间高位钻孔布置如图6-12所示。

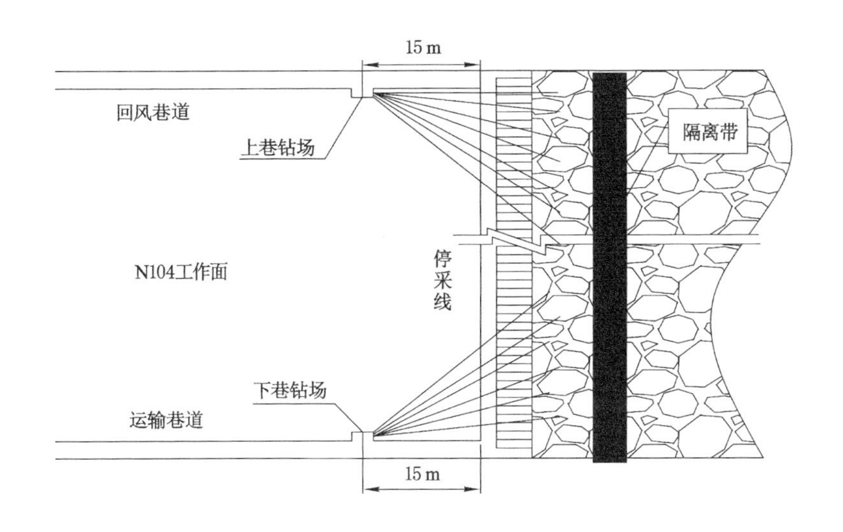

图 6-12　停采期间高位钻孔布置示意图

(5) 回撤期间风机风窗联合均压防灭火

工作面下部支架回撤后，进、回风通道压差变化，风量减小后风流经采空区运移至工作面，同时将采空区内 CO 带出，导致回风流 CO 浓度增大后超标。为解决以上问题，在工作面下口向外施工两道调节墙，一道板墙，一道袋子墙，在 N104 工作面回风巷道口外的北翼轨道下山布置两部局部通风机，一用一备，风筒沿工作面回风巷道延接至工作面内对工作面进行局部正压通风，调整后的工作面通风系统如图 6-13 所示。采用局部通风机供风的方法，风筒出风口的风量为 191 m^3/min，工作面下巷通风风量为 86 m^3/min，工作面上巷回风风量为 280 m^3/min。

(6) 架间钻孔注普瑞特防灭火材料

在采空区已设置隔离带的基础上，用岩石电钻在工作面 23 号—40 号支架和 46 号—81 号支架区域施工架间钻孔，终孔控制在架后 5 m 左右，钻孔倾角为 11°～20°，孔深为 10.8～14.4 m，在钻孔前方 1.2 m 下花管，钻孔施工完成后封孔压注普瑞特防灭火材料。35 号架架后蓝烟迅速减少，工作面上隅角和回风巷道风流 CO 浓度明显降低。

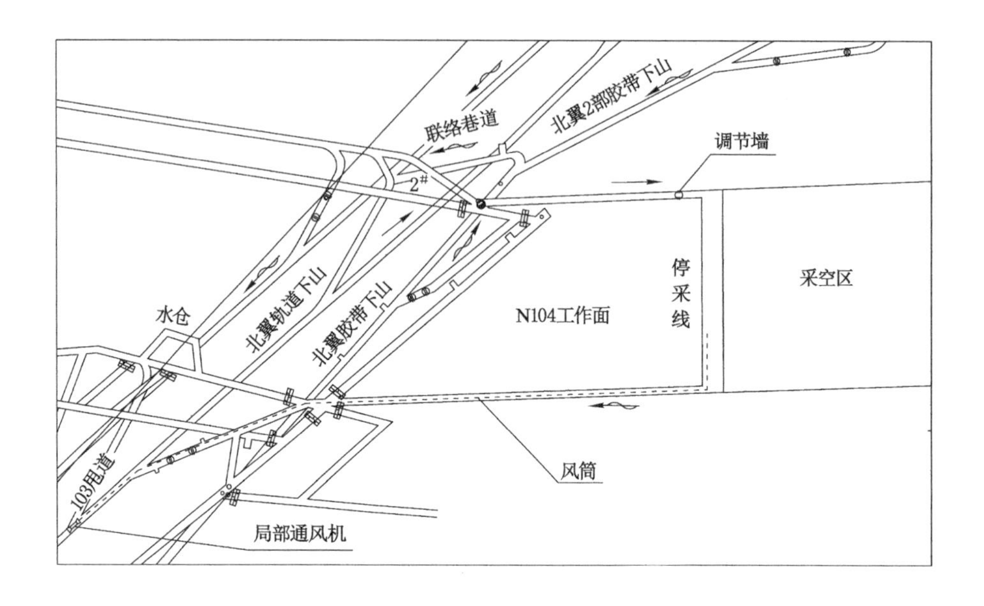

图 6-13 调整后通风系统

6.2.4 应用效果

针对 N104 工作面回撤期间采空区煤层氧化情况,采取以上综合防灭火关键技术措施。通过高位长钻孔注超高水材料在采空区深部形成隔离带,隔离深部漏风通道的同时缩小氧化带范围,并迫使氧化带前移。

采取架间钻孔注入普瑞特防灭火材料和下巷预埋管路注氮气等措施,工作面煤层氧化趋势得到了控制。

在回撤 7 号—30 号支架时,回风流 CO 浓度由 223 ppm 下降至 20 ppm 左右。回撤剩余支架时,工作面回风流 CO 浓度及架后 CO 浓度下降至 10 ppm,直至支架回撤结束,工作面封闭,未再出现火情,保证了工作面的安全回撤。

5 月 13 日至 5 月 14 日工作面回风巷道风流中 CO 浓度监测曲线如图 6-14 所示。

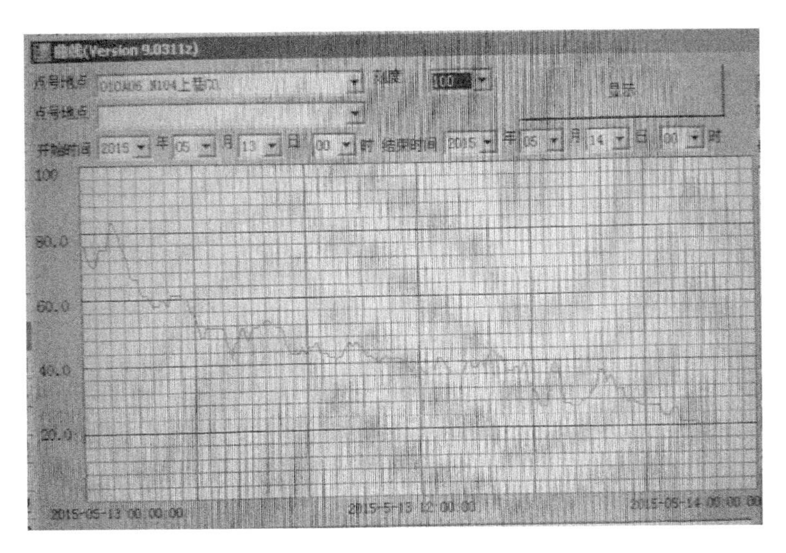

图 6-14　5 月 13 日至 5 月 14 日工作面回风巷道风流中 CO 浓度监测曲线

6.3　火成岩断层带易燃煤层综采工作面回撤期间防灭火技术体系的应用

6.3.1　工作面概况

72205 工作面外段推进期间揭露火成岩墙一条，根据回采期间实际揭露，该火成岩由运输巷道向轨道巷道发育，与巷道成 15°夹角。该火成岩墙对工作面的回采造成了很大的影响。经回采期间地质测量数据显示，火成岩断层带落差为 4 m 左右，受火成岩断层带影响，30 号—55 号支架区域工作面为全岩，工作面推进需要爆破。同时，断层带顶板松软，支护困难，造成工作面推进速度慢，月推进度为 17 m，严重影响工作面防灭火工作。为杜绝工作面自然发火，确保矿井安全生产，决定工作面停采回收。工作面停采后，在 30 号—55 号支架后方距停采线 0～27 m 范围内有 2～2.7 m 厚的遗煤区域，该遗煤区域分布如图 6-15 所示。

6.3.2　工作面煤层氧化过程

72205 工作面于 2015 年 1 月 20 日推进到铺网上绳位置，并开始进行工作面支架回撤前期工作。由于选择工作面收作位置不当，工作面顶板破碎，无法

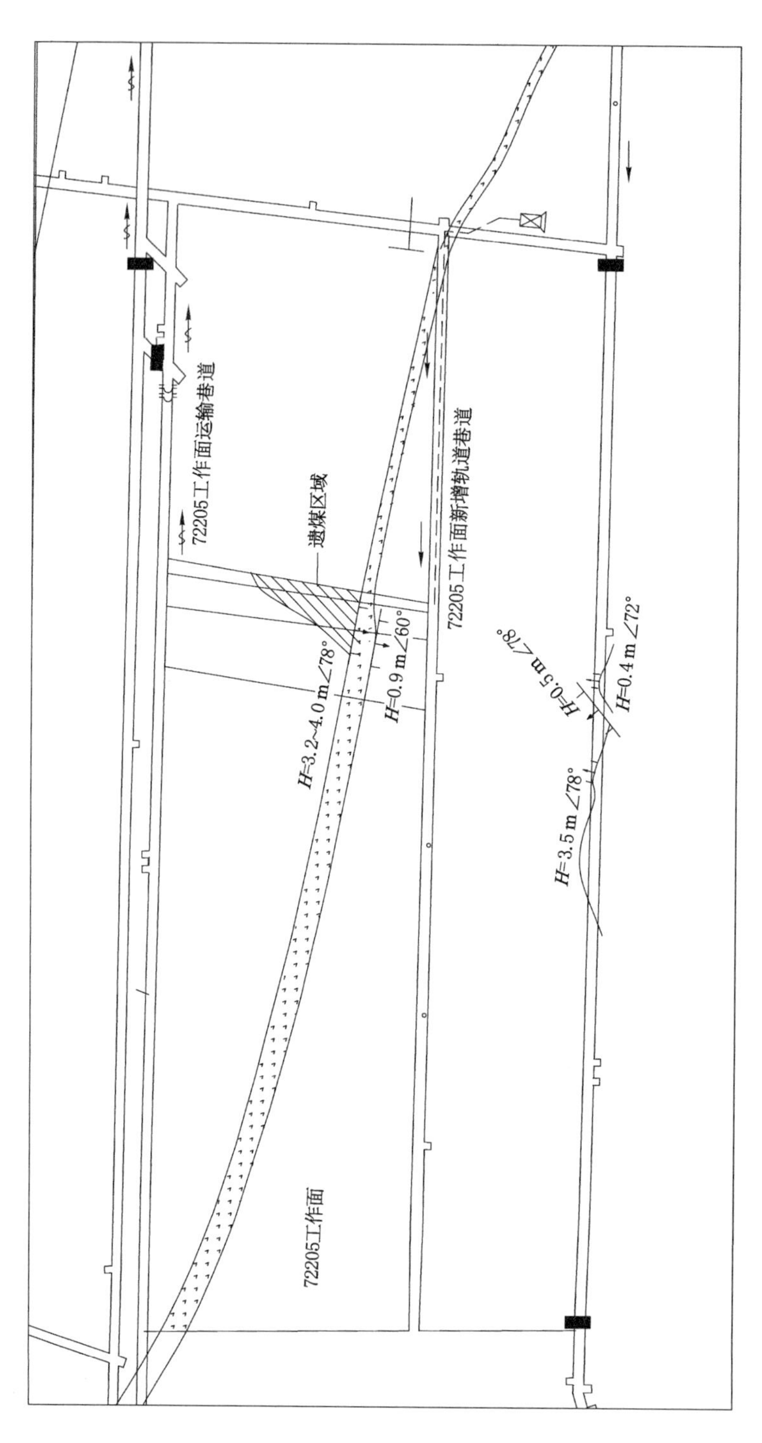

图6-15　72205工作面平面布置及通风系统示意图

正常进行铺网上绳工作。

在未完成铺网上绳情况下，2 月 8 日至 18 日完成扩大棚，2 月 19 日至 3 月 14 日进行回撤准备。2 月 15 日检测发现工作面 48 号—54 号架间、77 号—78 号架前孔洞、上出口上帮有热气，60 号—82 号、35 号—56 号架有挂汗，架前淋水有水温，一氧化碳最高浓度为 46 号架后(30 ppm)，煤层已氧化。

3 月中旬开始回撤输送机和液压支架，回撤期间在工作面已回撤液压支架前部扩棚处设置木垛形成回风通道，工作面风量为 500 m^3/min。

3 月 16 日工作面回撤第 1 架后工作面回风流出现一氧化碳，浓度为 5～20 ppm。

4 月上旬工作面回撤到 40 号—47 号液压支架，由于工作面已回撤，液压支架处顶板垮落，迫使工作面风阻增大，一氧化碳浓度呈上升趋势。

4 月 12 日运输巷道回风流 CO 监测探头数据迅速升高到 500～600 ppm，进风隅角和工作面回架处 CO 浓度缓慢升高。

4 月 1 日至 4 月 12 日工作面回风流一氧化碳浓度变化曲线如图 6-16 所示，期间工作面架后一氧化碳浓度最高达 60 ppm，可判断工作面氧化范围位于采空区深部遗煤区域。

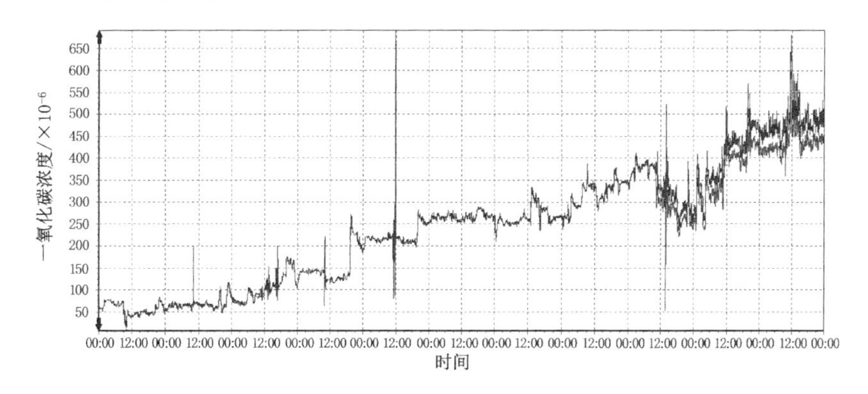

图 6-16　工作面回风流一氧化碳浓度

6.3.3 煤层氧化原因分析

经分析，煤层氧化原因包括：

(1) 工作面推进速度慢，从 12 月 31 日至 1 月 30 日，共计推进 17 m。

(2) 工作面回撤准备和回撤时间长，遗煤氧化蓄热时间充足。

(3) 工作面推进过程中过落差 3.2～4.0 m 断层,30 号—55 号架留顶煤,架顶最厚处达 2.6～2.7 m,架后遗留宽度最宽 27 m,造成采空区留有大量遗煤。

(4) 高位长钻孔灌注凝胶防灭火材料成本高、量小,不能做到全覆盖;工作面内中孔注水,不能向上堆积,不能有效控制架后高位遗煤。

(5) 4 月上旬工作面回撤到 40 号—47 号液压支架,由于工作面已回撤液压支架处顶板垮落,迫使工作面风阻增大,同时工作面所遇火成岩断层带呈长条状赋存,造成工作面大量风流进入采空区,使采空区大范围遗煤自然氧化升温。

6.3.4 综合防灭火治理方案

(1) 回撤期间风机风窗联合均压防灭火

72205 工作面回撤初期在下巷回风顺槽内打设调节风门增大回风风阻,在上巷进风顺槽内布置 2 台辅助通风机,一用一备辅助供风,提高工作面风压。均压措施实施后,工作面风量降低至 400 m^3/min 左右,安排通风测气人员每天对 72205 工作面风量进行测定,对通风设施进行检查、维修,确保通风系统稳定。

(2) 高位钻孔灌注超高水材料隔氧

在停采线以外 15 m 轨道巷道上帮布置高位钻场,向采空区遗煤区域施打高位长钻孔,钻孔终孔控制在架后 15～20 m 位置,在此范围内形成隔离带,封堵深部漏风通道,缩小氧化范围。高位长钻孔孔径不小于 42 mm,钻孔全长下 1 寸套管。每节花管孔数量和孔径按灌注材料进行设计,每个孔和花管末端均要有浆液涌出。地面花管注浆情况如图 6-17 所示。高位长钻孔共施工 24 个,防灭火钻场及部分主要中、长高位钻孔布置如图 6-18 所示。

图 6-17　地面花管注浆情况

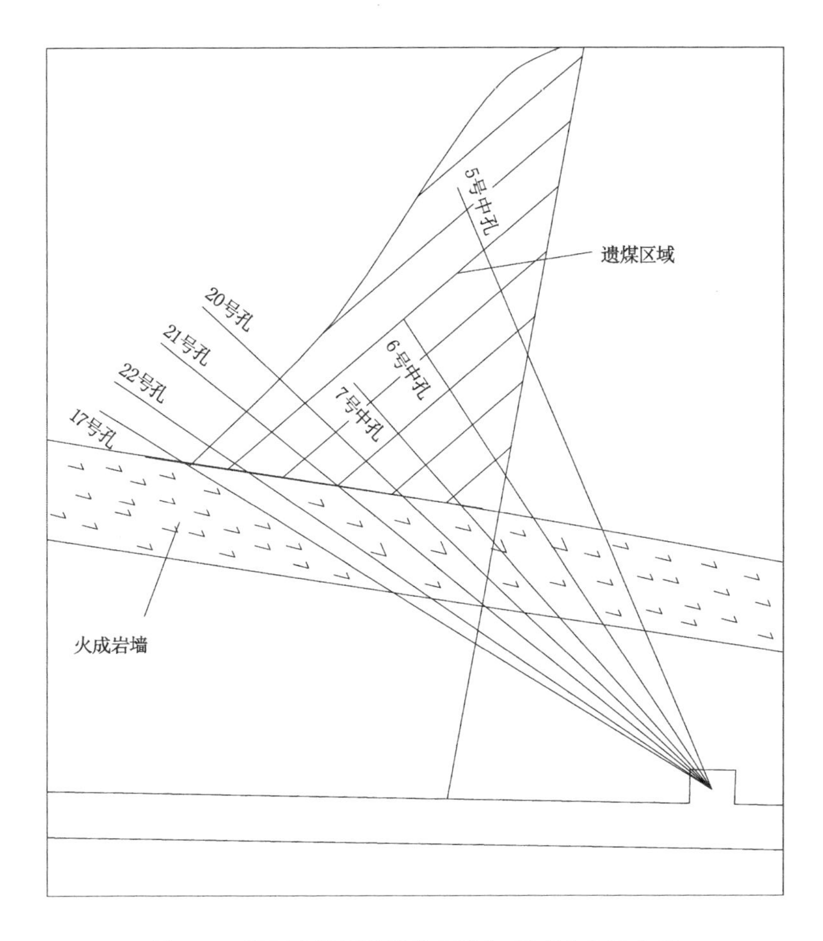

图6-18　防灭火钻场及部分主要中、长高位钻孔布置

(3) 通过低位预埋管道向采空区灌注液态二氧化碳惰化隔氧，同时在30号—55号支架间每隔5架向遗煤区域施工低位钻孔6个，钻孔终孔位于架后5～15 m，覆盖遗煤区域，钻孔施工完成后灌注普瑞特防灭火材料吸热降温，分别通过17号和22号钻孔压注普瑞特防灭火材料。大量防灭火材料在采空区扩散、堆积，破坏遗煤氧化蓄热条件，有效控制遗煤发火。

6.3.5　应用效果

综合防灭火方案得到落实后，通过高位长钻孔向采空区灌注超高水材料，在采空区火成岩断层遗煤带形成多重隔离带，有效控制了遗煤氧化范围。在此基础上，通过低位埋管灌注液态二氧化碳、低位钻孔注入普瑞特防灭火材料，大量的普瑞特防灭火材料在采空区内扩散堆积，大范围覆盖遗煤区域，对遗煤区域起到很好的降温效果，工作面回风流一氧化碳浓度得到有效控制。自4月12日开始，回风流一氧化碳浓度呈下降趋势，由最高时的600 ppm下降到4月23日的40 ppm左右，到工作面支架回撤完毕未再反复，杜绝了发火封面事故。4月12日至4月23日工作面回风流一氧化碳浓度变化曲线如图6-19所示。

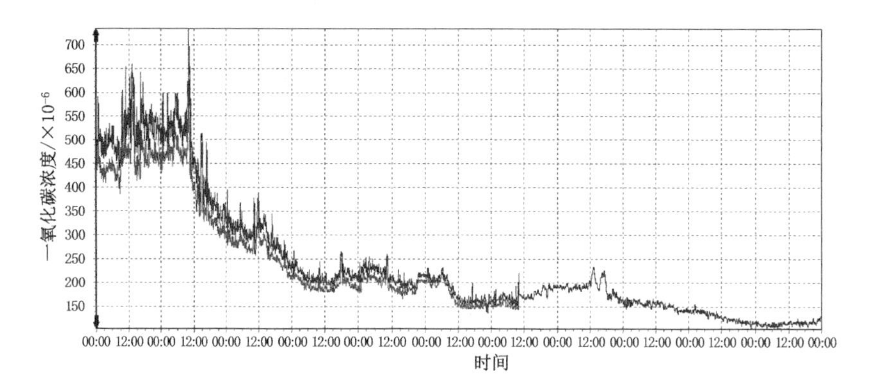

图6-19 72205工作面回风流一氧化碳浓度变化曲线
(2015年4月12日至4月23日)

除在上述矿井中得到很好的应用以外，该项目研究成果还在其他7个煤矿中成功应用，有效治理了综采(放)工作面回撤期间的煤自燃难题，高效、快速地保障了工作面的安全回撤。

第7章 主要结论及创新点

7.1 主要结论

矿井采煤工作面赋存地质条件复杂时会给工作面回撤期间防灭火工作带来诸多困难:大采深工作面受高地压影响,导致顶板极为破碎,采空区漏风通道封堵困难,漏风量较大;大倾角工作面采空区内防灭火材料不易向高位和深部扩散;超长工作面采空区氧化带较宽,工作面推进速度慢导致遗煤氧化加剧;工作面过断层、火成岩侵入区及旧硐室期间,采空区遗煤较多,范围较广,工作面推进速度减缓致使采空区遗煤氧化发火极为严重。针对以上工作面回撤期间面临的防灭火难题,从破坏遗煤氧化供氧蓄热条件着手,提出并实践了基于时空演变规律的综采(放)工作面回撤期间煤自燃防控技术,实现了多个工作面的安全回采和回撤,充实了防灭火技术领域,为类似矿井开展防灭火工作提供参考,并得出了以下主要结论:

(1) 基于防灭火要求,综合分析采空区覆岩空间与回撤周期的复杂时空演变关系,提出了基于时空演变规律理念的综合防灭火技术体系,并指出了工作面通风均压技术和立体防治技术都应基于工作面回撤期间采空区煤岩体三维立体空间随回撤时间轴线的动态变化而采取及时的动态处理技术。

(2) 针对回撤期间不同时期的特点,提出了动态均压防灭火技术,即工作面采取的均压技术措施应基于工作面的动态供风需求。采用理论计算方法建立了数学模型,给出了不同时期调压的条件,从而达到抑制或消除采空区煤炭自燃的目的。即在停采初期减小风量,降低工作面压差,减少采空区漏风量;扩棚时通过联合调节风门和辅助风机增大工作面压力,抑制外部漏风;撤架时期在保持局部通风机风量不变的前提下,首先增大工作面的有效通风面积,其次调节回风巷道风门通风面积,使风门通风面积小于工作面有效通风面积,从而减少采空区内部与外部漏风量。

(3) 在采空区平面“三带”分布和采动覆岩垂直“三带”动态分布特征分析的基础上,基于四维防灭火技术体系,综合分析自燃带和冒落带时空演变关系,提出了立体防治技术。即结合采空区煤岩体三维空间随时间变化特点,根据不同时间点的采空区煤岩体赋存状态,确定匹配的立体防治方案。采用数值模拟方法分析得出立体隔离对采空区“三带”分布规律影响较为显著,立体隔离物渗透率越低,影响越显著。该研究成果为采空区实施立体防治布置高、低位钻孔及架间钻孔设计参数提供依据。

(4) 为抑制或消除采空区漏风通道,研制了基于火灾防治的普瑞特Ⅱ型防灭火材料和配套应用装置。材料具有优越的封堵性、阻燃性、防复燃性等优点,但该材料固化速率相对较快,比较适用于架顶填充、架后浅部及上下隅角灌注充填隔离。探究了基于火灾防治的超高水材料防灭火机理,其具有高含水量和良好的渗透性、固化性、热稳定性等优点,同时该材料流动性强且凝结时间可调,适用于采空区深部长距离灌注,且灌注覆盖范围较广,凝结固化后强度大,在采空区深部可形成较为稳定的隔离墙。

(5) 由于工作面回撤期间工作面风阻变化,极不稳定,采空区三维立体空间随时间动态变化,易造成采空区遗煤漏风供氧自燃,基于四维防灭火治理理念利用远距离高位钻孔灌注超高水材料在采空区深部形成立体隔离;灭火降温的同时隔离深部漏风通道,将采空区深部遗煤氧化区主动隔离,迫使采空区遗煤氧化带范围缩小并前移。在此基础上利用浅部钻孔灌注普瑞特Ⅱ型防灭火材料隔离浅部漏风通道,配合深部隔离形成立体控制区,充分发挥材料组合特性,起到较好的隔离效果。

(6) 通过对复杂条件下的综采(放)工作面回撤期间所遇到问题进行了综合分析,分别制定了相应的四维防灭火技术方案。采用该项技术在N104工作面、71102工作面、72205工作面、9421工作面、1306工作面等处进行了工程试验,有效控制了架尾顶煤和采空区遗煤持续氧化,实现了工作面的安全回撤,取得了良好的经济效益和社会效益。

7.2 创新点

(1) 提出综采(放)工作面撤架期间基于时空演变规律理念的综合防灭火技术体系。

从物理学认知角度,将采空区煤岩体空间定义为一个三维立体空间,将工作面回撤期间的整个过程定义为一维时间轴线，随着回撤时间轴线的推进，采空区煤岩体三维空间动态变化，整体表现为随着时间维度的变化无数个三维空间动态接替，故将采空区定义为一个时空动态演变的“四维”空间。基于该理念的综合防灭火技术体系主要包括基于时间维度的动态均压控风技术、基于立体空间的煤自燃危险区域定位技术及基于普瑞特Ⅱ型防灭火材料＋超高水材料组合的隔离技术。该体系是基于采空区覆岩立体空间与回撤周期间的复杂时空演变关系建立的，其更强调不同时期应采取相应的针对性综合防灭火技术措施，体现了火灾防治的前瞻性、动态性、针对性和高效性。

(2) 工作面回撤期间动态均压防灭火技术

回撤的整个过程中工作面风阻值始终在变化，从而引起工作面的风压和采空区漏风流场的变化，通风系统处于不稳定状态。针对回撤期间不同时期的特点，提出了动态均压防灭火技术，并给出了不同时期均压的条件与方法，即在停采初期减小风量，降低工作面压差，减少采空区漏风量；扩棚时期由于工作面风阻值降低，此时需要通过调节风门和局部风机联合工作增大工作面压力，抑制外部漏风；撤架时期由于工作面风阻值增大，因此在保持局部通风机风量不变的前提下，增大工作面的有效通风面积，同时调节回风巷道风窗的通风面积，使风门通风面积小于工作面有效通风面积，从而减少采空区内部与外部漏风。

(3) 基于时空演变规律的工作面回撤期间煤自燃立体防控技术

在采空区平面“三带”分布和采空区上覆岩层垂直“三带”动态分布特征的基础上，综合分析自燃带和冒落带时空演变关系，提出了基于四维的煤自燃立体防控技术。结合采空区煤岩体三维空间随时间动态变化的特点，根据不同时间点的采空区煤岩体赋存状态，确定匹配的立体防治方案。即停采初期利用远距离高位钻孔在采空区深部灌注超高水材料形成立体隔离带，灭火降温的同时隔离漏风通道，从而将采空区深部遗煤氧化区主动隔离，迫使采空区遗煤氧化带范围缩小并前移。回撤过程中采空区深部逐渐被压实，煤自燃危险区域前移至支架后部的浅部范围，此时在架间布置检测与施工钻孔，进一步锁定发火立体空间范围，并通过灌注普瑞特Ⅱ型防灭火材料在采空区浅部区域形成隔离带，从而实现对工作面回撤期间采空区煤炭自燃的立体控制。

(4) 研发了发泡型阻燃速凝充填隔离防灭火技术

矿井煤层覆存条件较差，倾角大，矿压普遍较大，综采(放)工作面撤架过程中随着时间的推移，采空区逐渐被压实，采空区的氧化带前移，因此造成采空区浮煤氧化的区域为支架后方20 m范围内的浅部区域。针对此区域采用现有的充填隔离材料容易大量流失,因此研发了发泡型低温阻燃速凝充填隔离防灭火技术,并设计了配套应用装置。该材料与水混合采用压缩空气进行发泡,开始时黏度较小,通过钻孔注入采空区,在采空区内扩散,在 2 min 之内能够快速凝结,并充填采空区裂隙。其工艺简单易行,固化后的泡沫能有效地充填采空区裂隙,封堵并隔离液压支架后方的浅部区域。

参考文献

[1] 邓军,李贝,王凯,等.我国煤火灾害防治技术研究现状及展望[J].煤炭科学技术,2016,44(10):1-7,101.

[2] 王德明.煤矿热动力灾害及特性[J].煤炭学报,2018,43(1):137-142.

[3] 马志飞.煤田地火:没有地理界限的灾难[J].百科知识,2010(22):17-19.

[4] 朱红青,胡超,张永斌,等.我国矿井内因火灾防治技术研究现状[J].煤矿安全,2020,51(3):88-92.

[5] 张兴凯.矿井火灾风险指数评价法[J].安全与环境学报,2006,6(4):89-92.

[6] 杨春丽,李祥春.煤矿特别重大瓦斯煤尘爆炸事故发生原因及规律统计分析[J].煤炭技术,2015,34(10):309-311.

[7] 赵建盛.低瓦斯涌出量矿井瓦斯爆炸原因分析及防控技术探析[J].当代化工研究,2019(5):78-79.

[8] 成威.低瓦斯矿井瓦斯爆炸事故的主要原因及防治对策探讨[J].内蒙古煤炭经济,2016(23):96-97.

[9] 秦波涛,王德明.矿井防灭火技术现状及研究进展[J].中国安全科学学报,2007,17(12):80-85.

[10] 安俊孝.煤矿工作面防灭火技术的现状和发展[J].中国新技术新产品,2015(17):156.

[11] 柏发松,方昌才,陈宿,等.综采工作面架间高位插管注浆防灭火应用研究[J].煤炭科学技术,2014,42(5):45-47.

[12] 王博.阻化防火技术在煤矿中的应用探究[J].内蒙古煤炭经济,2020(15):118-119.

[13] 杨光.煤自燃阻化剂的应用现状及发展趋势[J].山西煤炭,2014,34(2):38-40.

[14] 张卫亮.芦子沟煤矿卸压式均压防灭火技术研究[D].阜新:辽宁工程技术大学,2017.

[15] 冯圣洪.浅谈煤矿均压防灭火技术应用现状与发展[J].煤,1997,6(2):49-52.

[16] 郝建国.均压通风技术治理浅埋深、大漏风火区[J].煤炭技术,2021,40(2):120-122.

[17] 安俊孝.煤矿工作面防灭火技术的现状和发展[J].中国新技术新产品,2015(17):156.

[18] 孙海波.煤矿液氮防灭火技术及发展趋势研究[J].内蒙古煤炭经济,2018(9):17,22.

[19] 刘小杰.矿井火灾发生原因与防治技术[J].煤炭技术,2009,28(2):83-86.

[20] 姜福兴,莫自宁.煤矿新型化学材料密闭墙快速构筑技术[J].煤炭科学技术,2006,34(6):7-9.

[21] 李浩宇.煤矿井下巷道壁面喷涂材料的制备及试验研究[D].太原:山西大学,2016.

[22] 张丹,蔡维维,邹媛,等.探究高分子胶体防灭火技术的原理及发展现状[J].煤炭技术,2011,30(11):252-254.

[23] 赵春瑞.矿用新型胶体防灭火材料的制备及其性能实验研究[D].太原:太原理工大学,2016.

[24] 田兆君,王德明,徐永亮,等.矿用防灭火凝胶泡沫的研究[J].中国矿业大学学报,2010,39(2):169-172.

[25] 王德明.矿井防灭火新技术——三相泡沫[J].煤矿安全,2004,35(7):16-18.

[26] 秦波涛,王德明,陈建华,等.高性能防灭火三相泡沫的实验研究[J].中国矿业大学学报,2005,34(1):11-15.

[27] 王川.三相泡沫防灭火机理研究及应用[J].煤,2018,27(1):58-59,73.

[28] 李树刚,张伟,邹银先,等.综放采空区瓦斯渗流规律数值模拟研究[J].矿业安全与环保,2008,35(2):1-3.

[29] 程久龙,胡克峰,王玉和,等.探地雷达探测地下采空区的研究[J].岩土力学,2004,25(增刊):79-82.

[30] 宋颜金,程国强,郭惟嘉.采动覆岩裂隙分布及其空隙率特征[J].岩土力学,2011,32(2):533-536.

[31] 周西华,郭梁辉,孟乐.易自燃煤层综放工作面采空区自然发火防治数值模拟[J].中国地质灾害与防治学报,2012,23(1):83-87.

[32] 李宗翔,衣刚,武建国,等.基于“O”型冒落及耗氧非均匀采空区自燃分布特征[J].煤炭学报,2012,37(3):484-489.
[33] 梁运涛,张腾飞,王树刚,等.采空区孔隙率非均质模型及其流场分布模拟[J].煤炭学报,2009,34(9):1203-1207.
[34] 王月红,温佳丽,秦跃平,等.采空区多参数气-固耦合渗流模拟[J].辽宁工程技术大学学报(自然科学版),2012,31(5):760-764.
[35] 张玉军,李凤明.高强度综放开采采动覆岩破坏高度及裂隙发育演化监测分析[J].岩石力学与工程学报,2011,30(增1):2994-3001.
[36] 林海飞,李树刚,成连华,等.覆岩采动裂隙带动态演化模型的实验分析[J].采矿与安全工程学报,2011,28(2):298-303.
[37] 马占国,缪协兴,陈占清,李玉寿.破碎煤体渗透特性的试验研究[J].岩土力学,2009,30(4):985-988,996.
[38] 徐精彩,文虎,张辛亥,等.综放面采空区遗煤自燃危险区域判定方法的研究[J].中国科学技术大学学报,2002,32(6):39-44.